ANIMAUX HOMOS

Histoire naturelle de l'homosexualité

動物同性戀

同性戀的自然史

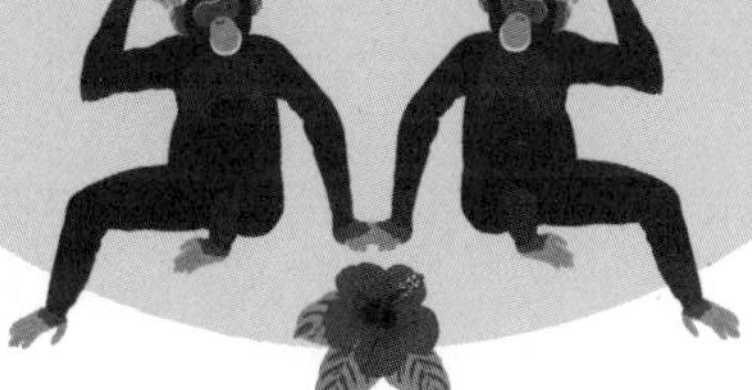

芙樂兒・荳潔 Fleur Daugey

陳家婷 譯

獻給我的雙親，我妹妹
也獻給所有因為人們的無知
和不了解而受到同性戀恐懼症迫害的受害者

À mes parents, à ma sœur
À toutes les victimes de l'ignorance
et de l'homophobie

推薦序

什麼是自然？什麼是正常？

彩虹平權大平台執行長　呂欣潔

在同志族群爭取平權的漫長歷史中，「正常」與「自然」與否，時常是辯論的重點，但其中反對方的論述，時常相互矛盾：

「連動物都比同性戀睿智，至少他們知道自己的性取向。」——這是當人們以為動物都是異性交配時的發言。

「難道你跟動物一樣無法自我控制嗎？」——這是當人們知道了動

物有同性性行為時的發言。

這些發言的落差，來自於這些行為到底是不是為「人」所喜愛且贊同的。

動物的多樣性性行為、多重的性伴侶、純為愉悅不侷限於延續基因的性行為，在不同物種中皆可發現，人類用自身的無知，意圖將人類歸於為高其他動物一等的生物，卻不明瞭，我們也不過是這廣大地球上生物多樣性的一部分而已。

這本書便是從生物研究的學術角度來回答「同性戀是否是違反自然？」這個出現在世界各國的重要疑問。

作為一位力行社會教育、倡議同志平權的工作者而言，在我近二十年的社會溝通和演講經驗中，已回答過這個問題與其延伸出的無盡問題無數次：

「妳是什麼時候變成同性戀？」（這問題的背後隱含著所有人原本都是異性戀）

「妳是不是被性侵或男生拋棄過？」（這問題的意思承襲上個問題，並認為巨大創傷才會讓人變成同性戀）

「你是當男的還是當女的？」（這問題代表著性行為一定要有主動插入／攻方、且那一定是男的／公的）

這些問題，族繁不及備載。演講的經驗一多，我慢慢意識到，許多問題縱使問出來乍看不一樣，但背後的核心假設都是「同性戀不是自然的一部分，並不正常」。二十年來，我一次次不厭其煩的微笑回應，用精神醫學、社會科學、女性主義的各種研究與數據證明著；然而，作為一個同性戀者，每每總還是對這個問題感到悲傷無力，內心浮出的想法是：「難道我站在你／妳的面前進行著這樣的對話，還不夠證明，我就如同妳／你一樣的自然且正常的，活在這個世界上嗎？」

這本書的出現與存在，正提醒了作為自以為優異的人類，我們是多麼容易被自身的經驗與理解所侷限，以為眼前的狹小視線所及便是世界的全貌。

感謝這本書的法國作者，以及台灣譯者，不只用科學證據來證明，大自然的性別多樣性完全超乎我們的想像，關於雄性角色與雌性角色的想像、關於「母職」、關於同性性行為與性別轉變，更有關於不同物種同性之間的愛戀與互相照顧的現象。除此之外，譯者與作者更大方分享自身經驗，讓更多人看見恐懼和無知所帶來的傷害有多麼巨大。

僅以此書，推薦給台灣的所有學子與他們的家長與家族長輩，以真實數據和研究來回應同性戀的「自然」疑問。同時，期盼眾人的努力，能在不久的將來迎來我們不再需要討論這個問題的那天。

推薦序

大自然的奧妙，生物與動物行為的多樣性

科普作家　張東君

雖然在看這本書的時候，時不時會出現一些名詞讓我覺得譯者已去國多年，跟這個領域變得不太熟，但是瑕不掩瑜，還是讓我一頁一頁的不停看下去，追著看有哪些我已經知道有這些行為的動物被寫進來，以及還有哪些動物是我不知道的。不過其實我在看這本書時，除了後面會提到的企鵝繪本以外，首先浮現在我腦海中的，是獲得二〇〇三年搞笑

諾貝爾獎的一個研究。

在一九九五年的六月五日，當時為荷蘭鹿特丹自然史博物館館長，也是位鳥類學家的穆力克（C.W. Moeliker），聽到他的辦公室窗戶傳來「砰」的撞擊聲之後，發現是隻綠頭鴨撞到玻璃，死掉了（這稱為窗殺）。當穆力克館長走出去時，他看到一隻活生生的雄性綠頭鴨走過來，開始跟地上那隻綠頭鴨的屍體交配，而且在被穆力克打斷之前，這種行為還長達七十五分鐘。穆力克對窗殺綠頭鴨進行驗屍之後，確認牠是雄性。後來穆力克把那隻不幸的鴨子做成標本，在演講時讓聽眾輪流看那隻鴨子，還把六月五日訂為「死鴨子紀念日」，辦活動討論如何預防窗殺。而他所做的活雄性綠頭鴨跟窗殺雄性綠頭鴨交配的「同性＋戀屍」紀錄，也讓他花了六年的時間才決定發表，又再過了二年，獲得了前述的搞笑諾貝爾獎。

就像這樣的，當一個或數個觀察紀錄有可能被嘲笑或是被黑的時候，研究者／觀察者會考慮非常的久，才鼓起勇氣發表。所以我很佩服這本書的作者，能夠把近一千年來的各種文章文獻爬梳整理，讓我們看到各種有趣的動物行為。而且，還提醒了我們在野外觀察動物的時候，若是光看動物的行為，是不一定能夠確定性別的。假如想要發表的話，絕對要用分子生物學的手法來重複確認。特別是那些從外觀上看不出公母的物種。

在台灣也很知名的北海道旭山動物園，養了不少隻的企鵝，每年冬天從十二月初到三月底的「企鵝散步」，更是吸引了各國的遊客。那些企鵝每年都會有幾對會配對、產卵、育幼，其中也包括了兩隻公國王企鵝的配對。

在這本書中也有提到國王企鵝的例子。由於國王企鵝是公母都會孵蛋，所以只要有多出來的蛋需要孵，保育員也會把蛋交給公公企鵝去孵去養，公公企鵝也都能夠盡責的把雛鳥養大。在美國紐約中央公園裡的動物園也有這樣的公公企鵝配對，而且牠們的故事被畫成繪本《一家三口》，是本很有趣而且讓大小讀者認識多元成家的可愛繪本。可惜有不少國家把這本得獎繪本列為禁書。喜歡同性的動物，不限於鳥獸蟲魚，也不是由於牠們是在被豢養的環境中才會發生。在自然界中，那占了一定的比例，那是很正常的。而且，也表現出動物行為的多樣性。

自古以來，人們就會用詩詞書畫來表達對動物的「觀察」。但很大一部分卻是錯誤的，然後以訛傳訛一路至今。「烏鴉反哺」、「羔羊跪乳」還算好，對於動物的同性戀行為，若不是硬要做別的解釋，就是粉飾太平。在動畫《海底總動員》的小丑魚尼莫，媽媽死掉了，尼莫被爸爸養大。可是真實世界中，爸爸在這時候是會變性成為「媽媽」的。假如我們可以接受魚類的性轉換，當然也應該可把其他種動物的、人類的視為理所當然。

這本書，讓你知道大自然的奧妙，生物與動物行為的多樣性。

譯者序

同性戀是真真實實存在於大自然中的一部分

陳家婷

我生長在一個基督教的家庭，虔誠的父母和教會生活給了我和妹妹成長的一種榜樣。雖然父母給我們很好的栽培，學了許多才藝，但自從感覺到自己可能跟教會其他小孩不太一樣而這種不一樣可能很嚴重之後，我的童年和青少年時期像開始揹了一個大石頭，瀰漫著恐懼和緊張的氣氛，一直有一種不知從何而來的壓力感，彷彿如果這顆石頭從我背上滑下來，我就會跟它一起摔進一個伸手不見五指的谷底。在二十年前的台灣，這正是我感受到的壓抑氣氛。

青少年叛逆時期，也是許多歐美國家同性婚姻合法和LGBTQ社群抬頭的時期，我開始試著與我的父母表態，希望他們可以理解我，但是也因此我們曾有重大的摩擦，隔離、禁足、想改變我，甚至差點把我送去宗教團體做輔導。

接下來的十幾年我們小心翼翼地對之避而不談，我試著改變自己卻知道最終會無效。我深愛也尊敬我的父母，但是在高中時期我開始想辦法如何讓之後的我可以用我原本的樣子生活，我決定好好學習英文和法文，到法國攻讀我從小就非常熱衷的生物學。

感謝我的父母在十年前幫助我來法國，在我為學業奮鬥和好好地談戀愛及生活的同時，我看到在我親愛的台灣，越來越多人在為我們的權益奮鬥，民主一直在進步，氣氛也在改變，只可惜自己卻沒有辦法親身參與這份感動。

二〇一七年五月二十四日，司法院釋字第七四八號解釋，真的是令出海捉完浮游生物正在實驗室緊張地等待消息的我雀躍不已，本來決定再次跟父母溝通，正式介紹交往多年已經跟我回過台灣遊玩的女友；但也是在那段時間，我看到我的父親上傳在社群網站他參與了反同婚遊行的消息，因此又打消了溝通的念頭。

二〇一八年五月，在我親愛又勇敢的妹妹的支持下，我再次鼓起勇氣請她把準備好一年多的一封信，和《為巴比祈禱》一書放到父母住處的信箱，打開了這個我們之間封閉十五年的話題。

然而這些換來的又是幾個月的冷戰、一陣陣的咒罵、眼淚、不理解、父母的自責，說你怎麼能這樣，我們再也不能以你為傲。他們說，聽說同性婚姻法過了，同性戀就可以正當人獸交！

哇！這時我才驚覺原來長期以來不溝通的這段時間，他們吸收到的是更多錯誤的謠言，讓他們對同志更加害怕與不了解。

幾個月後，雙方慢慢溝通及沉澱，他們得到一些想法比較開放的家人，以及教會朋友的肯定支持。前年十一月他們帶外婆來探望我博士論文答辯，看看我們在南法的家並同時遊覽南法的時候，我們的關係好了很多，他們終於可以再次為我驕傲。

今年我在台灣找到工作所以回來定居，他們也變得非常期待疫情趕快結束，讓還在法國的我太太也能來台灣，讓我們一家人終於可以團聚。我非常感謝這幾年來我父母的努力與改變，讓我們可以重新認識接納彼此。

在寫論文的期間，我走進小城的圖書館，偶然看到這本書，讚嘆也感謝作者花了很多心力及時間，收錄整理了那麼多古今科學證據，證明了同性戀不但不是不自然，反而是真真實實存在於大自然中的一部分！

同性戀也代表了色彩繽紛的大自然中性別的多樣性，而生命的存在不只是為了個體的生殖，也可以是為了整個物種的永續燦爛奪目的綻放。因此我想翻譯這本書獻給我的家人，和我亞洲第一的國家台灣中所有還和我一樣正在揹著大石頭，或因性別氣質、性傾向受到痛苦、疑惑、排斥甚至霸凌的人，讓他們的家人和同儕知道他們原本的樣子沒有違反自然，請他們放心，讓愛和包容卸下這顆代表社會上不理解和害怕的大石頭。

非常感謝芙樂兒的合作，以及謝主編和時報出版社的出版。

序

二〇一七年，正當我寫下這些句子的時候，全世界二十二個國家也正許可兩個同性之間的婚姻。這個在男同性戀、女同性戀、雙性戀、跨性別者、變性者、異性戀中的平等權利的認可，對很多人來說可能是理所當然，但是，這樣平等權利的認可，其實還只是存於少數國家，在很多的國家，非異性戀人士還是繼續面臨著很多歧視、校園霸凌，以及言語與身體的攻擊。很多國家還是不只把同性戀當作禁忌或嘲諷的主題，甚至涉及嚴重的刑事定罪。

本人因從事寫作工作，也面臨有關我對同性戀的評論是否合法的問題。我的作品確實對象常常是年輕人，是一些紀錄片專輯和漫畫場景，通常是敘述與解釋動植物的生活和大自然。舉例其中有我的一本書，書名是《動物們的愛情生活》（註一）。這本書中，我特別說明「性」在自然界中有什麼用途，和動物如何求偶、繁殖及照顧牠們的幼小。

本書的目的之一，是使年輕讀者超越目前對動物的刻板印象；根據這種刻板印象，只有雄性才是扮演求偶的角色，而雌性會耐心地照顧幼小。然而事實上，大自然比這複雜得多，是多變且更有創意的，而且在大自然裡我們可以找到會扮演求偶及吸引角色的雌性，和給予幼小非常多關照的雄性。

我經常受到國內外的邀請，參加各地的節慶和書展及與讀者的見面會。在出版《動物們的愛情生活》之後，我受邀到了摩洛哥，而摩洛哥是一個同性戀有可能被判處有期徒刑的國家。在與活動負責人進行思考和討論之後，我們決定忽略且不討論此主題，因為該主題過於敏感，無法在這個國家提出討論。此外，當我們陳述同性戀真的存在於大自然中這個事實時，可能會受到當地司法的處罰，因該國的刑法將「與同性他人的放蕩或違反自然的性行為」監禁並處以罰款；在沙烏地阿拉伯、茅利塔尼亞、蘇丹、伊朗等國家，同性戀甚至會被處以死刑。在我寫這篇文章的時候，同性戀者正被車臣政府逮捕、折磨、監禁和謀殺。將同性戀定為犯罪的第一個也是最常見的原因是，這是不自然的。這種說法經常出現在街上一般人的嘴裡。更糟糕的是，它充斥著所有服從宗教原教旨的主義者，並為諸如法國反同性婚姻革命之類的運動（Manif pour tous）及許多反同性戀及恐同組織提供了思想基礎。正如我們已經看到的，某些國家的刑法法典中甚至記載並限定了同性戀是違反自然的。

因此，這個「同性戀是違反自然的」主張是否具有科學依據，對於尊重世界各地數百萬男、女同性戀者和跨性別人士的人權至關重要。所以到底是怎麼一回事呢？同性戀真的存在於大自然中嗎？如果是這樣，是普遍的還是例外的？可以說同性戀是自然的嗎？本書就是自薦要來回答這些關鍵問題的。

同性戀這個主題時常被以宗教、政治、心理學和精神病學的角度討論。民意常常被提出討論。那生物學的角度呢？您手中拿著的這本書正是以法語書寫中唯一一本專門討論該主題為佐證的書。生物學家蒂埃里・洛德（Thierry Lodé）在他的書（註二）中對此進行了論述，但尚未有任何作者著手編寫一本書來探索有關該主題的最新科學知識。確實，我們很少以生物學和動物行為學的角度探討同性戀在自然界中是否存在及其代表著什麼。然而，所有現有的研究都給出了明確且不模糊的答案：同性戀並非「違反」自然，而是確實出現在自然界中。在整個動物界中，已有四百七十一種野生物種和十九種被豢養的物種有被科學記錄到同性戀行為：昆蟲綱、蛛形綱、魚類、兩棲動物、爬行動物、鳥類和哺乳動物。此外，儘管還沒有對所有動物進行科學研究，但根據紀錄，在大約一千五百種動物中都有觀察到同性戀行為。

科學的作用是尋求理解和陳述事實。它的職責也是向社會報告。例如，發出有關氣候變化和生物多樣性喪失警報的科學家就扮演了這個角色。每個人都應該能夠獲得科學訊息。本書的宗旨是評估有關動物同性戀的科學數據，使它們能夠在最大程度上被理解。書中介紹了已在期刊和科學出版物上發表的確鑿研究結果。作為一名動物行為學家和作家，在對這一引人入勝的主題進行了長時間的研究和思考之後，我對在此書中提供的個人推論承擔全部責任。

這本書的志向是紀念我們所居住的星球的自然多樣性，我也希望讀者在讀這本書的過程，能跟我一起感受到我在整個研究過程中對大自然奇妙的讚嘆。

註一：二〇一六年由Actes Sud Junior出版社出版。

註二：《動物界裡的性別戰爭》一書，二〇〇七年由Odile Jacob出版社在巴黎出版；

《愛的生物多樣性——性和演化》一書，二〇一一年由Odile Jacob出版社在巴黎出版。

引言

有些學者拒絕對動物使用「同性戀」一詞，而是更喜歡英文名稱「same-sex behavior」，可以將之翻譯為「同性行為」。這個詞的翻譯複雜而空洞，因此我將不再使用之。某些人選擇避免使用「同性戀」一詞，是因為它最初是為了表明人類行為而發明的。因此，這個詞在某種程度上只屬於人類而無法用於其他物種上。作為一名動物行為學家，我反對這種拒絕在描述動物時使用人類詞彙的習慣，前提是牠們某些能力和行為特徵還未被發現過。類似有關動物智能的辯論也席捲了科學史，並且一直持續至今。

這就是為什麼我像許多從事該學科的學者一樣，選擇直率的使用「動物界中的同性戀」這個詞，同時在此規範了書中該術語的使用。我同意生物學家和語言學家布魯斯·貝哲米（Bruce Bagemihl）的定義，他是迄今為止探討關於動物同性戀最全面著作的作者，該書的書名是《生物的豐富性——動物同性戀與自然的多樣性》（*Biological exuberance. Animal Homosexuality and Natural Diversity*，無中文譯本）。因此，動物同性戀行為或動物同性戀在此書中將被描述為動物同物種中同性個體之間的求偶、親愛的行為、性行為或雙親育兒的行為。同時，動物異性戀是指同物種異性個體之間的相同行為。但是，我將避免在正文中使用「男同性戀／男同志」或「女同性戀／女同志」之詞，因為它們反映了複雜的人文現實情況，我只會在某些細節的副標題中使用它們。

第一章〈禁忌的歷史〉，使我們踏上了科學史的旅程，最早提到動物同性戀是在古代。一方面，生物學自古已經促進並且比以往任何時候都更積極地參與動物同性戀的研究；另一方面，它也因將其視為不值得科學關注的軼事，或稱其為異常、偏差、變態或病態行為，讓人們對此總是蒙在鼓裡不知實情。因此，我們有必要探討刻板印象如何根據他們的時代塑造當代科學家的思想，以便更深入地了解目前的科學進程，而該進程也不免受到性別歧視和同性戀恐懼症的影響。

幸運的是，我們將探討到一些學者，他們設法擺脫了那些常規和偏見，而且是真正的想要增進對動物同性戀的了解。

第二章〈了解動物同性戀〉探討了達爾文演化論中解釋這一現象的主要假設。此假設代表了當今生物學界最廣泛被接受的理論結構。我們也將探討超出此理論結構框架的假設和思想。我會在這一章裡介紹我個人在研究所有假設後的反思，而這些假設也引導我開始使用「性別多樣性」這個新術語。談論性別多樣性使我們更容易理解同性戀是如何成為維持我們星球上生物多樣性的複雜結構的一部分。

第三章的標題是〈求偶、愛撫、擁抱和交配〉，它詳盡地概述了動物界中存在的求偶的表現，以及親愛和性行為。

同樣的，第四章〈伴侶生活和同性伴侶共同育幼〉介紹了成千上萬對動物同性戀伴侶的形成方式。有些伴侶的配對持續終其一生，而另一些則只維持一個交配季節，或者更短的時間。有時僅僅兩個個體在一起生活是不夠的，因此更形成了三重奏甚至四重奏的也是有。

第五章，也是最後一章，描述了跨性別動物和變性動物的存在，證明了自然界中動物的生理性別和社會（心理）性別的界線，本質上尚不清楚。

目次

第二章　了解動物同性戀　131

第四章 伴侶生活和同性伴侶共同育幼

第一章

禁忌的歷史

為了避免本章陷入軼事和奇事的彙編，我們必須進行認真的歷史審查。動物界的同性戀既不奇怪也非不尋常。相反的，認真研究這種現象的當代科學家認為，這是動物在自然環境中性行為的正常面向之一。然而，對此生物學事實的承認和科學研究，在很長的幾個世紀中，甚至至今，仍無法脫離人們先入為主思想的影響。

因此，在一九九一年發表的致力於靈長類動物行為研究的集體科學著作中，靈長類動物學家琳達・沃爾夫（Linda Wolfe）強調，當年，有關靈長類動物性行為的最新著作都沒有提到同性戀。然而，她的同事中，某些希望他們的文章能夠保留匿名的作者，卻坦白說觀察到這些動物中同性戀行為其實是很普遍的。他們向她表示，他們經常觀察到雄性個體之間和雌性個體之間的同性性行為，但由於他們認為缺乏關於該主題有效的理論框架，或者因為害怕他們的同事認為他們是同性戀而拒絕發表他們的發現。

哪個學者不希望自己能發表史無前例的科學數據，並為這個行為做前所未聞的描述或解釋呢？

這種不情願的表現，表示了某些科學家害怕將自己的形象與有爭議的主題聯繫起來，在某些情況下，這些科學家更可能患有同性戀恐懼症。琳達．沃爾夫的引證非常重要，它強調了錯誤的描繪方式阻礙了關於該主題之科學的發展。幸運的是，越來越多生物學家不再受到偏見的束縛。

淫亂的古代鷗鴣

動物同性戀絕不是現代科學的發現。有關觀察這種行為的著作可以追溯到古希臘。例如，亞里斯多德（Aristotle，西元前三八四－三二二）在他的《動物史》中提到了鷓鴣和鷗鴣的「過度的色情」，並提到了同性戀的例子：

一旦雌性個體交配完後逃脫離開去孵蛋時，雄性就會喊叫並相互爭鬥。正是在這個時候，牠們被稱為寡夫。因爭鬥而被打敗的雄性個體追隨其獲勝者，並僅任由牠坐騎（註一）。如果一個雄性個體被擊敗，牠會被第二名或其他個體在其獲勝者不知道的情況下攻（編按：攻，BL文化兩男性愛互動中的主動方；此作為動詞）。這種事情不會全年發生，而只會在某些時候發生。鵪鶉也一樣。有時，我們也可以觀察到公雞進行這樣的行為。在沒有養母雞的廟宇，所有公雞中都相繼攻新加入者。同樣，畜養的鷓鴣也會去攻野鷓鴣，並以各種方式掠奪和虐待牠。（《動物史》，第九章，第九節）

亞里斯多德用了兩種方式去推斷和詮釋可能是真實的觀察，這兩種詮釋方式又繼續被許多在他以後的學者使用。他解釋說：雄性的鷓鴣、鵪鶉或公雞之間的同性往來是由優勢及弱勢關係引起的。鬥爭的勝利者使失敗者服從強制交配。他還提出假說，對於那些無法勝任異性戀行為的動物來說，同性戀將是第二選擇。這些解釋的嘗試源於在科學界和社會中仍然存在著很重的偏見。一般的想法是，同性戀必然是一個例外，一個孤立的事件，是由不利於異性戀的環境造成的異常，而異性戀本身被認為是一種規範。但是，對動物行為精確的觀察卻反駁了這一假設。

在同一本書中，亞里斯多德還談到了雌性之間的性關係：

鴿子的特殊之處在於，雌性個體像和雄性個體那樣交配後，在沒有雄性個體的情況下，雌性個體也會彼此進攻。由於不能互相發射任何東西，牠們產蛋的數量比能孵化的蛋數量更多；但是這些產下的蛋都沒有孵化成功，而且都是淺色的。（《動物史》，第六章，第二節）

亞里斯多德在這裡再次假設，是由於缺少異性伴侶才促使了兩個雌性個體成對，交配並在同一個巢中下蛋。他還聲稱這些蛋一定是沒受精和不育的，這剝奪了這些個體也會繁殖的可能性。然而，大量的科學數據反駁這種將同性戀和沒有雙親一起育兒生活的錯誤觀點。

其他古代著作也論及動物同性戀的存在，例如，赫拉波羅（Horapollon）著的《象形文字》（*Hieroglyphica*），赫拉波羅是亞歷山大城五世紀下半葉的哲學家。這本書的出版是為了解釋埃及象形文字，當時的學者們都很為這件事著迷。當今的埃及學認知表示，這本書的文字部分為對於象形文字的真實知識，但大多數解釋都是大概的，而且帶有象徵性和神學上的推測。關於我們的主題，涉及動物同性戀的幾段文字很重要，因為它們揭示了當時的信念。在亞里斯多德的文本之後近八個世紀，我們觀察到當時對此的意見並沒有絲毫的改變：

如果想表示少年愛（譯註：指古希臘社會中成年男子和少年間的男色關係）的話，就畫兩隻雄性鷓鴣：因為雄性鷓鴣在失去雌性鷓鴣後便開始互相交配。（《象形文字》，第二章，第九五節）

赫拉波羅不像亞里斯多德那樣試圖改變大眾普遍對鬣狗行為的荒謬認知，反而繼續提倡這種觀念：

想要表示一個不穩定的人，並且不能保持相同的心態，但是

有時候強壯，有時又虛弱，他們畫了鬣狗：因為牠有時是雄性，有時是雌性。（《象形文字》，第二章，第六九節）

鬣狗可以年復一年改變自己性別的這個想法，出自比赫拉波羅要早的幾個世紀。的確，亞里斯多德在他的《動物世代》中提到希拉克里（Heraclea，土耳其拜占庭時代的一個城市）的希羅多（Herodore）的出處，希羅多是西元前六世紀的神話畫家：

談到鬣狗的希拉克里的希羅多說，這些動物很特別的將雄性和雌性的兩個性器官結合在一起……，並且鬣狗一年進攻，另一年被進入。我們已經證實，鬣狗只有一個性器官。而且可能在多個國家內，這項觀察是頻繁的。的確，鬣狗的尾巴下有個像雌性器官的一條線。但是雄性和雌性都具有這條顯著的線。（《動物世代》，第三章，第五節）

儘管希羅多這位哲學家在上文有更正過了，但這種有關鬣狗中雌雄同體或性別改變的指控，在古代文學中仍然很普遍。關於這個物種的信念已經廣泛傳播，並被接受為真實的。雖然這個想法的確切來源並不確定，但是我們可以輕易地假設它是由於觀察到這種動物而產生的，這會使目擊者們感到困惑。確實，不僅在鬣狗的不同物種中同性戀關係並不罕見，而且雌性鬣狗還真的有一種構造特徵，此構造確實讓古代的觀察者非常驚訝：雌鬣狗的陰蒂看起來像陰莖，所以想藉由簡單的觀察來確定這種動物的性別，其實是非常困難的，或者可以說是根本不可能的。當時人們的想像力更因此造就了有關於此物種的信念。亞里斯多德試圖消除另一個關於黃鼠狼以口受精並以口生胎的誤解。亞里斯多德指出，這種觀點得到了他的前蘇格拉底社會主義前輩阿那克薩哥拉（Anaxagoras，約西元前五〇〇—四二八）以及其他博物學家（naturalist）的認同：

至於黃鼠狼，牠的器官構造排列跟其他四足動物完全一樣。所以，牠的胚胎從哪裡來到牠的嘴呢？由於黃鼠狼生非常多瘦小的幼兒，並經常將牠們叼在嘴裡遊走，這就是造成這一荒謬寓言的原因。（《動物世代》，第三章，第五節）

乍看之下，這種信念似乎與同性戀無關。但是，我們將看到兩者之間奇怪的關聯。重要的是要注意，這些對動物的迷信被當時的學者記錄、重複述說，被修飾過並視為生物學事實。

動物界的同性戀和早期基督徒

早期基督教作家如何利用古代學者報導的數據？早期的神學家描述動物的世界，是為了向人類指示他們認為在宗教和上帝眼中適當的行為。

美國歷史學家約翰．博斯韋爾（John Boswell）在他的作品《基督教、社會寬容和同性戀。談從基督教早期到十四世紀在西歐的同性戀者》中解釋說，基督教神學家反對同性戀的最早且最具影響力的論點，正紮根於他們對動物行為的分析中。在這方面，巴拿巴書信發揮了重要的作用。儘管該文本可追溯至西元一世紀，但該文本被早期基督徒視為重要的聖經著作之一。巴拿巴警告不要食用某些動物，因為這會導致人類出現不良行為。因此，它禁止食用鵰、鴞、鹵鷹和烏鴉，理由是這些鳥類「不去找食物，而是坐著不做任何事情，試圖吃別的動物，這是牠們真正邪惡的禍害」。在此警告列表的中間，出現了一個奇怪的博物學家的數據，根據該數據，野兔每年會多額外長一個肛門——計算肛門的數量甚至可以確定那隻野兔的年齡。

巴拿巴也警告，吃這種肉的男人會成為戀童癖。在希臘文字中，作者寫道，食兔者冒著變成「虐待兒童者」的風險，因此受害者可能是女孩或是男孩。但是，之後將此論點提出的作者只針對於對男孩的同性戀戀童癖者。巴拿巴還警告人們不要食用鬣狗肉，因為人們普遍認為牠每年都會改變性別。食之者面臨的危險是將會變成「通姦、誘惑或與動物同類」。巴拿巴再次提醒讀者：食用鬣狗肉可能會導致性別改變。在那個時代，人們可能會認為這種「性別改變」並不意味著真正的生理上的變化，而是行為上的變化。成為「與鬣狗相同」的男人將轉變為女人，也就是說，他將變成被視為被動的被進入者，即交配時「女性的位置」。巴拿巴和其他作者就依他們對動物行為分析的假設來切入人類同性戀的主題。然後巴拿巴大力攻擊黃鼠狼，並再次警告讀者：

摩西還懷著對其應有的仇恨追捕黃鼠狼。他說要小心，不要讓自己像那些據說用自己的罪孽之口犯下不潔淨之事的人，避免與那些以口行罪事的卑鄙婦女的一切聯繫。就像這種以口受孕的動物一樣。（《巴拿巴書》，第十章）

巴拿巴經常援引摩西的說詞來支持他的奇怪論點。但是根據約翰．博斯韋爾的說法，先知對所提到的動物並不會有這樣的看法，也不會伴隨著這樣的禁食令。例如，摩西永遠不會禁止吃鬣狗。

野兔的多個肛門、鬣狗的性別改變和黃鼠狼的以口繁殖，似乎與同性戀沒有明顯的關聯。所以，我們想知道為什麼這三種觀察會構成早期基督教思想家對該主題進行反思的基礎，這樣的做法其實是把這些動物拿來與人類做類比，混為一談：將野兔的肛交、引起不分青紅皂白性慾的鬣狗雙性戀行為，或黃鼠狼的口交等特性——這些人們假想牠們會有的性行為，拿來與人類不以生育為前提的性行為畫上等號，就因為這些性行為在沒有生育情況下能帶來愉悅。對於當時的思想家來說，同性戀也是一種愉悅的來源，而它也無關生育。

同樣，戀童癖和同性戀也被混為一談，而最終為後者帶來了負面的影響。「少年愛」一詞在希臘語中原意是「對青少年男孩的吸引力」。它其實是使用在非常特殊的語境的古希臘社會中，當時以良好的眼光看待同性戀，甚至是在成年男子和青少年之間。「少年愛」一詞後來用於表示成年男子之間的性關係。直到一八六九年，「同性戀」一詞才在匈牙利作家卡爾・馬利亞・科本尼（Karl-Maria Kertbeny）的筆下出現。直到二十世紀末，「少年愛」一詞才被廢棄。對某些宗教原教旨主義運動和極右翼的意識形態學家來說，此詞的這種意義上的轉移，至今卻導致了與戀童癖的嚴重混亂，並以此繼續譴責同性戀（註二）。

僅是為了繁殖

生活在西元二世紀和三世紀的教會之父亞歷山大城的革利免（Clement of Alexandria），利用了巴拿巴書寫的一些動物故事在他的著作《導師》中反對同性戀。在這本書中，他制定了一個眾所皆知的宗教規則：性行為必須以生育為唯一的目的，才能被認為是道德的。該禁令導致了一切只有令人歡愉而沒有生育目的的性行為都開始被禁止。對於革利免來說，任何同性戀者都被排除於生育的領域之外，因此，他們在宗教眼中皆被視為有罪。他對上帝的誡命「要生養眾多，遍滿地面」（《聖經》，創世紀第一章第二十八節）發表評論：

我們既不能在石頭上播種，也不能玷汙了種子，因這即是生育的原則，因為它也是上帝所指示的自然的保存和永久延續的原則。如果背離這些原則，並在不自然的地方屈辱性地播種，即滿是邪惡與罪惡。（《導師》，第二卷，第十章）

革利免引用巴拿巴對動物行為的看法來支持他的論點。

你們有沒有看到智者摩西想為貧瘠的土壤播種：「他說，你們不能吃野兔的肉，也不能吃鬣狗的肉。」上帝不希望人類與這些動物的不純真有任何共同點，也不希望如這些動物猛烈的淫亂，不斷地以一種愚蠢的狂熱驅使興奮來滿足這樣的淫亂。

（《導師》，第二卷，第十章）

革利免似乎讀過亞里斯多德，因為他表示他不相信鬣狗的性別改變。但是，他還是使用了此示例來補充支持他的觀點。即使他同意這種動物是不可能隨意改變性別的，他仍然堅信鬣狗是淫亂本能的源頭：

只是，正如我所提到的動物，我指的是鬣狗，非常好淫，它的尾巴下面，在排泄物出口的上方一點，有塊完全類似於雌性的可恥部位的贅肉。但是，這塊肉只是一個無用和無出口的孔。當自然管道被厭惡地拒絕並因懷了胎兒而被占據時，這些動物狂熱的淫亂就可以從這個孔得到滿足。因為牠們異常活躍的性行為，

雄性及雌性鬣狗都一樣有這個孔。雄性個體互相交配容忍而很少接近雌性鬣狗。（《導師》，第二卷，第十章）

由革利免提出的這第三個生殖器孔，除了譴責人類的肛交之外，沒有其他目的。

中世紀寓言

中世紀不會有任何與這些自然主義幻想相抵觸的事物，反而把這些幻想再引用及更美化了，尤其是在著名作品《博物學者》（*Physiologus*）中，這本書通常以《動物寓言集》（*Bestiary*）的名字而聞名。這本書結合了動物寓言和道德詮釋，不乏提到會從口受精，而從耳朵分娩的黃鼠狼。鬣狗再次被描述為會改變性別的動物。文本的確切來源尚不清楚，但它可能可以追溯到第二世紀，是在埃及寫的。有趣的是，革利免在同一時間和同一地區擔任主禮宗教儀式。他們書中的故事被不同的作者重複了很多次，並且跨越了幾個世紀。《博物學者》是中世紀真正的暢銷書，被翻譯成所有羅曼語以及冰島語和阿拉伯語。根據歷史學家阿爾諾·扎克（Arnaud Zucker）的說法，直到十三世紀，這本書的普及程度可與《聖經》相提並論。在書籍相對稀少的當時，這本書對識字者和任何負擔得起的讀者產生了很大的影響。

鷓鴣在現代仍然淫亂

在十七世紀，約翰・雷（John Ray）的《弗朗西斯・威盧比鳥類學》等自然主義者的作品中繼續提到動物同性戀。鳥類學家弗朗西斯・威盧比（Francis Willughby，一六三五—一六七二）和博物學家約翰・雷（一六二七—一七〇五）聯手從事一項研究，但前者在完成之前就去世了。在一六七六年出版的這本書中，鷓鴣被描述為「非常淫亂的鳥類，並且因為牠們的少年愛的行為和其他可惡的交配方式而惡名昭彰」。根據作者的說法，「鵪鶉比鷓鴣更卑鄙，而且以牠的淫穢和不自然而聞名。」大約一百年後，鳥類學家喬治・愛德華茲（George Edwards，一六九四—一七七三）在《自然史收集》上發表於一七五八年至一七六四年之間的幾本論文中，討論了威盧比直到現在所持的說辭的真實性，到這之前，照他的說詞，他覺得威盧比的說法是「小說般，不切實際的」。他在觀察一群被關在籠子裡無法接觸到母雞的年輕公雞的行為之後，改變了他的判斷。愛德華茲說，他們「迅速停止敵意和鬥爭，每個個體都開始試圖攻牠們鄰居，而牠們似乎都不願意讓步給對方」。

著名的喬治—路易·勒克萊爾·德·布豐伯爵（Georges-Louis Leclerc de Buffon，一七〇七—一七八八）對此不甘示弱。我們在他具有紀念意義的《自然史》（*Histoire naturelle*）中發現了一些關於動物同性戀的典故，尤其是在鳥類方面。他與那些否認自然界中存在這種行為的人相矛盾，並證實有時「一個雄性使用另一個雄性，甚至把其他的東西當成了雌性」。他稱這種行為（不失優雅的）是「自然的過渡」。

在這方面，他也使用了鷓鴣作為所謂淫亂的例子。

性反常的甲蟲

一直要等到十九世紀，才出現了第一個現代意義上的動物同性戀行為的科學觀察。我們將此歸功於昆蟲學家，他們對甲蟲（鞘翅目）的性「反常」感到驚訝，並在當時的昆蟲學社會的公告和報紙上發表了自己的言論。我們可以體會到，閱讀這些資料後，發現客觀的科學觀察與他們的時代偏見相衝突時，會有多震驚。

雄性金龜子的情況值得詳細研究。在法國昆蟲學會一八五九年九月十四日的會議上，亞歷山大·拉柏貝恩（Alexandre Laboulbène）博士首次提到了這些昆蟲的同性戀行為。這位畢業於巴黎醫學院的醫生也是一位傑出的昆蟲學家。那天，他為他的同事們提供了一個與眾不同的例子。他說，他的一位同事普頓（Puton）博士給了他兩隻雄性大栗鰓角金龜（*Melolontha melolontha*）的標本，他發現牠們的時候牠們正在交配。

在不改變牠們的交配位置而立即將其進行犧牲製成標本之後，普頓博士將牠們保存了三到四年。他將這對至死不渝的「情侶」交託給他的同事拉柏貝恩博士，並問了他兩個問題：這些昆蟲看上去真的像雄性個體嗎？或兩者之一是雌性，但擁有雄性個體的觸角？

在這裡，我們應該簡要地解釋大栗鰓角金龜異性個體之間的交配是如何進行的。雄性個體爬到雌性個體的背上，用雙腿扣住並進入牠。交配完之後，雄性個體似乎昏厥或入睡，向後傾斜而不使自己脫離雌性個體。然後，牠讓自己繼續被雌性個體拖著，而雌性個體也繼續忙碌自己的事情。這樣子拖著牠笨重的合作夥伴的時間可以超過一天。

對於許多觀察者來說，這種行為似乎很奇怪，這是雄性昆蟲為防止已被牠受精的雌性再被其他雄性個體繁殖而形成的眾多策略之一，因為這有可能損害其自身的生殖成就（生物及生態學用詞fitness）。雄性個體之間的耦合，對進攻到另一個雄性個體背上去交配的那方來說也有異曲同工之妙，這也是為什麼能使昆蟲學家發現牠們彼此固定的兩個個體。

讓我們回到拉柏貝恩博士的觀察中。他向大會解釋說，他已經詳細檢查了兩隻大栗鰓角金龜的身體外觀，而牠們與他收藏中的其他雄性個體沒有什麼不同。然後，他繼續剖析牠們的內部性器官。雙方都有普通的雄性生殖器。被進入的個體沒有任何雌性器官，也沒有不完整的、剩下，或可能已退化掉了的雌性器官的痕跡。博士還描述了實際交配後個體的內部構造，在此交配中，第一方是進入第二方的生殖道，而不是消化道。因為他發現牠的雄性特徵在腹部內部受到擠壓。博士得出結論，這個發現確實是兩個普通雄性個體的交配。他將這種現象描述為少數，並承認從未發現過其他類似事實。請注意科學家的嚴謹性，他精確地描述了他的研究目標，並避免以其他方式對此形容或修飾。

這個主題在後來的二十五年之間都沒有再被討論。一八八四年，類似的數據出現在《法蘭西共和國官方公報》的頁面上！瑪則神父在此公報上面發表了一些有關鰓角金龜的資訊，牠們當時被認為是農業的禍害。他注意到自己觀察到的是雄性個體之間的耦合，並提出了與拉柏貝恩博士相同的問題。在對鰓角金龜進行解剖之後，他得出了與他的前輩相同的結論。像拉柏貝恩博士一樣，瑪則神父喚起了此行為的陌生及古怪感，但並沒有對此發表任何評論。

一八九五年八月，在昆蟲學專欄《昆蟲學彙編》（*Miscellanea entomologica*）期刊上，題為〈雄性歐洲深山鍬形蟲（*Lucanus cervus*）之間的異常耦合〉的出版物，成為了各種博物學家觀察研究的主題。本文章列出了有關此主題的數據，引用了拉柏貝恩博士的話，並指出這種行為其實非常頻繁。此篇文章發布之後，在九月份期刊中，昆蟲學家保羅・諾耶（Paul Noël）寫了一封信給報紙的編輯，將文章的全文轉載了下來。他說：「這些異常現象在昆蟲界中的發生率比人們所認為要頻繁得多。」然後他又寫道：

盧昂省政府要求我在四月做一些實驗，因此我需要大量鰓角金龜去進行這些實驗。我在布瓦—紀堯姆（Bois-Guillaume）市政廳取了十五公斤這種昆蟲（約一萬六千隻），牠們是由當地農民為了想要獲得一些政府分配用於移除這些小蟲子的獎金而捉來的。在這些鰓角金龜存活的幾天中，我可以觀察到許多雄性個體之間的耦合，甚至發現牠們之間的耦合是如此的牢固，以至於我能夠在酒精中保存了大約二十對而且牠們都有著相同的交配姿勢。

諾耶在信後面部分揭露了對雄性蜜蜂個體的新觀察結果，即假態蜂，其原文本中稱為熊蜂（編按：非指熊蜂屬之蜂，而是法文習慣用法，稱雄性蜜蜂為假熊蜂）：

但是，我是在雄性蜜蜂個體之間更完整地觀察到這種耦合的（？）（註三）那麼我們也可以稱之為蜜蜂的「特別行動」，在去年九月，我觀察的那群蜜蜂從牠們的蜂巢中趕出熊蜂，這些熊蜂因此沒了住所，為了取暖和盡可能地保護自己免受已經開始感覺到的寒冷，牠們整夜在這些蜜蜂的蜂箱底下集中成拳頭大的聚集。我本來想要挑出幾隻將牠們放入我的標本收藏夾裡，卻赫然發現牠們很奇特的全部都配對正在交配。有幾次我甚至成功的用氯仿殺死了幾隻正在這樣交配的蜜蜂。農民用來防止蜜蜂叮咬而對蜜蜂說的祈禱文，把蜜蜂以上帝的蒼蠅（註四）這個名稱呈現給我們。上帝的蒼蠅是耶穌用早晨露水洗過祂的手之後，從祂手中滴下的三滴水生出來的，專門用來生產望聖彌撒要用的蠟。上帝的蒼蠅是如何養成這樣傷風敗俗的習慣的呢？我問這個問題，是因為我也沒有答案，然後誠懇地向您問好。

我們會發現，儘管直接的觀察似乎在作者眼中毫無疑問，作者還是懷疑他是否真的應該稱一隻貓是貓，並因此將在此觀察到同性個體之間的交配稱為交配。布魯斯．貝哲米博士在一九九九年發表的參考著作中，質疑大多數科學家是否傾向於透過尋找動物同性關係中其他潛在的涵義來否認動物中真的有同性戀關係的事實。「隱藏我不想看見的動物同性戀」似乎是這些學者的座右銘。因此，他們試圖定義他們觀察到的顯然是有關於性的行為，例如侵略、遊戲、競爭、結盟，甚至在兩隻紅毛猩猩之間發生的口交攝食（註五）等行為。同樣的，求偶表現被定義成了遊戲，交配被定義成假交配、模仿交配或者是偽裝的性交。

鰓角金龜中的同性戀

信的結尾，作者想知道：「上帝的蒼蠅（此指蜜蜂）是如何養成這樣傷風敗俗的習慣的呢？」對於當今的讀者而言，它帶有滑稽的語調，並且充分表現了科學家面對此類數據時慌亂不安的情緒。如果保羅．諾耶在沒有解決問題的情況下提出問題，那麼他的朋友兼同事亨利．加多德科維爾（Henri Gadeau de Kerville，一八五八－一九四〇）於次年，即一八九六年的一次會議上所做的回答，也在法國昆蟲學會的成員中引起了轟動。他的演講文本隨後即出現在公報中。實際上，加多德科維爾是個萬事通的博物學家。他延續了普遍的科學傳統，有時甚至表現出對當代來說較前衛的批判精神。

當晚加多德科維爾提供的數據來自保羅・諾耶報告的觀察結果，後者認為自己的這些紀錄沒有用。諾耶告訴加多德科維爾，正如我們剛剛看到的、在農民收集的鰓角金龜中，發現有一些雄性個體在交配。但是，故事迄今為止最「刺激」的地方，是諾耶解釋說，他將所有鰓角金龜豢養了幾天，在這段時間裡他繼續觀察到了同性戀行為。然後，他加述了一個至關重要的事實，而這引起了他的朋友的興趣：在豢養群中，雄性鰓角金龜有許多雌性可供交配；然而，有些鰓角金龜對與自己同性別的其他個體展現了強烈的熱情。於是出現了一個大問題：鰓角金龜雄性個體的同性戀是否可能不僅是因為缺少雌性個體而引起的第二選擇？這樣的審問更激發了像加多德科維爾這類博物學家的科學好奇心。

會議當天晚上，他向同事們介紹了他的結論。我們想像會議室裡到處都是嚴肅又衣冠楚楚的紳士，他們聚精會神地傾聽同事學者們的報告。原則上，這些科學人著手描述自然世界，因為自然世界對他們而言並不陌生。他們雖然感到驚奇，但僅止於一定程度上。他們中間大多數人都是保守的資產階級，而且並不願意質疑自己的道德前提。因此，加多德科維爾的報告題目為「雄性鞘翅目的性反常」，只要它尊重現行的理論，是可以引起一定的興趣的。

作者首先提起了當時對於雄性個體之間交配的共識：這是由於缺少雌性個體。到此，講員與聽眾準備好要聽到的聲音還是一致的。當時科學家通常都以這一理論來解釋不管是在動物或人類中雄性個體之間的耦合和同性戀行為。這並不是個新點子，因為亞里斯多德及許多其理論的後繼者已經提出了這個想法。因此，這種解釋根植於幾代學者的思想中。加多德科維爾繼續提到他的前人拉柏貝恩博士、瑪則神父和諾耶的研究。後者將幾對雄性鰓角金龜交給他，這些被保存在酒精裡的雄性鰓角金龜仍處於交配狀態。然後，他重複了拉柏貝恩進行的解剖，並確認得出了相同的結論，即使他犯了個錯，把被進入的腔說成是泄殖腔而不是實際上的生殖器腔。但是接下來的陳述更引起了聽眾的注意。加多德科維爾果然將所觀察到的行為定義為「真正的同性戀（作者在此使用的是『少年愛』一詞）行為」（註六）。然後，甚至更進一步將這種「性反常行為」分為兩類：由缺乏雌性而產生的「不得已同性戀行為」和「由癖好引起的同性戀行為」。

關於雄性鰓角金龜個體之間的這些耦合，最有趣的是，牠們有大量雌性個體可供交配。因此，積極尋找雄性個體去進入的雄性個體可說是「由癖好引起的同性戀」。（《法國昆蟲學會公報》，一八九六）

直到在演講中發表這一中心論點，加多德科維爾可能都沒想到自己引起如此大的爭議。因為宣布在自然界有「由癖好引起的同性戀行為」雖然非常新穎，但是在當時的精神上是可恥的。此論點為同性戀行為提供了新的解釋，該論據認為，這不僅是在無法產生異性戀行為的情況下所發生的。回想一下在加多德科維爾演講期間，奧斯卡·王爾德（Oscar Wilde）因肛交而在英國被視為犯罪，判刑坐牢。加多德科維爾並沒有否認當時盛行的把同性戀當成是性錯亂的想法，但他承認同性戀是一種自然傾向，而不僅僅是環境所導致的萬不得已的辦法。

被豢養的狀態有可能導致這些同性戀行為的數量。但是，我絕對肯定這些雄性個體之間的耦合也會在完全野生的狀態下發生。最後，我必須指出，這種同性戀行為也會發生在高等脊椎動物之中。（《法國昆蟲學會公報》，一八九六）

在此結論中，作者聲明所說屬實並簽名，不僅因為他的想法與主流思想相歧，而且還因為提起「高等脊椎動物的同性戀」，他建議人們必須承認其在人類物種中的可能性。這一系列言論激起了他的許多同事的憤慨和許多批評。

加多德科維爾之後又在另一本科學小冊子中發表他的回答，在那本小冊子中，他拒絕因為他已經處理了這個議題而道歉，並提醒眾人科學與羞恥無關。在這篇文章中，他特別為自己辯護，反對那些因使用「少年愛」一詞而批評他的詭辯者。在證明了這個詞的現代意義是表示一個雄性個體被另一個雄性個體進入之後，他認為描述在鰓角金龜中觀察到的行為是適當的。他很快又討論到了被所有人接受的「不得已同性戀行為」的存在，然後為了他關於「由癖好引起的同性戀行為」的假設而辯護。在他的文章中，同事對他的批評具有使他做「對理智來說最完美的兩件事：檢查和反思」的優點。的確，他加深了對觀察到的現象的分析，並闡明了其推理：

我們可以假設，被動的雄性同性戀個體與雌性交配過後可能會染上並散發些許雌性個體的氣味——我們知道嗅覺在昆蟲交配中有著相當重要的作用——所以被這種氣味所欺騙的主動雄性同性戀個體們，才與這些被動雄性同性戀個體交配。但是，從反思的角度來看，幾乎不可能的是，雄性被動個體與雌性個體交配，然後在抽離後染上的雌性個體氣味會比附近的雌性散發出的雌性個體氣味更強烈。（《法國昆蟲學會公報》，一八九六）

然後，他盡其所能重申自己的觀點。

顯然，從這一觀察結果來看，我們不能完全肯定主動雄性同

性戀個體是由癖好引起的同性戀。但是在我看來，這種假設是可以接受的。（《法國昆蟲學會公報》，一八九六）

為了進一步支持他的論點，即在「豢養」和「自然」的情況下，由癖好引起的同性戀都存在著，他引用了佩拉加羅（Peragallo）在一八六三年《法國昆蟲學會年鑑》上發表的文章。佩拉加羅觀察到了三種（註七）鞘翅目昆蟲雄性個體之間的耦合，這之中分別是*Telephorus*屬、黑姬菊虎屬（*Rhagonycha*）與熠螢屬（*Luciola*）。文章裡的用語讓我們注意到作者的憤怒，這使我們能夠衡量當時主流道德思想的影響，以及觀察動物行為時的擬人化。

在我剛才提到的旅行中，我發現了兩個事實讓我尤其感到震驚。第一個事實完全是非常可怕的。在晚上十點之後，很少在十點之前，我們在每次狩獵中都在地面上或低矮的植物上捕獲了熠螢屬螢火蟲的雄性個體，確實是雄性個體，被其他的黑姬菊虎屬雄性個體包覆（交配）。這不是一個孤立的事實，因為分別在三個不同的地點和不同的日期，我捉了十二對這些正在交配的雄性個體，並且在這十二對中，我成功的用硫磺立即殺了還連在一起正在交配的三對。牠們的交尾是如此的完整，如此確定，如此存心的，我把這三對保留了好幾個小時，像黑姬菊虎那麼活潑的生命如今卻在我面前靜止不動：因為我非常確定這兩隻昆蟲的性別，而且牠們的性別是相同的，我只能承認黑姬菊虎有明顯的不

道德行為，而這些雄性螢火蟲個體則是縱容牠們的共犯。（《法國昆蟲學會年鑑》，一八六三）

這些加多德科維爾聲稱僅是數據的其中幾組樣本的觀察，已得以支持他的假設。他最後根據德國精神病學家和性學先驅阿爾伯特・莫爾（Albert Moll）博士的研究，寫下了人類也有「不得已同性戀」和「由癖好引起的同性戀」。莫爾在一八九七年發表的著作《生殖天性的錯亂，根據官方文件對性倒置的研究》引起了轟動，這位醫生的確描述了人類先天性同性戀的存在，意味著有些人天生就是同性戀。加多德科維爾為被認為是性錯亂的受害者的鰓角金龜「辯護」，在心理學上，性錯亂的受害者因為跟常理不一樣而被視為病理偏差。「性錯亂」這個術語在某種程度上與反常和疾病相關。對於作者來說，這些鰓角金龜並沒有犯了這個被定義為導致「邪惡」和不道德行為的特性而反常的罪行。他以堅持自己的論點作為結論，但對「由癖好引起的同性戀行為」的觀點卻變得沒有那麼強烈地強調了。

最終，我相信我已經透過前面的內容證明了「同性戀」（作者在此仍然堅持繼續使用「少年愛」）一詞完全適用於昆蟲，並且在這些動物中肯定發生了「不得已同性戀行為」，而「由癖好引起的同性戀行為」可能也有發生。（《法國昆蟲學會公報》，一八九六）

費雷博士的實驗

以上昆蟲學家的文章造成的轟動促使了查爾・費雷博士（Charles Féré，一八五二－一九〇七）進行了更進一步的調查。實際上，加多德科維爾在他的第二本科學小冊子中簡單敘述了一項實驗構想，該實驗包括調查藉由抑制雄性鰓角金龜觸角的嗅覺是否還是會導致同性戀行為。費雷信守諾言，決心證明「由癖好引起的同性戀行為」在動物中不存在，而它代表著人類的特性（註八）。該假設顯然會使其分析和結果有偏見。但是他的研究仍然值得端詳。費雷因此測試了氣味在鰓角金龜性行為中的作用。為此，他剪掉了五十隻雄性鰓角金龜的觸角，然後將其放入裝有五十隻完整雌性鰓角金龜的盒子中。結果是沒有交配發生。

在另一個裝著觸角未受到修剪的鰓角金龜的盒子裡，他發現了十八對異性戀伴侶。不幸的是，他的實驗就此停止了。這位研究員沒有完成他的研究，例如，關於由所有觸角未受到修剪的（完整）雄性鰓角金龜組成的群體之間的性行為，或在有觸角被切斷的雄性個體在場的情況下，這個完整雄性群體的性行為。他是不是其實有做這樣的實驗，還是不希望發表這些實驗的結果呢？

費雷的想法與加多德科維爾相反，那些已經與雌性個體交配並且被牠們的氣味覆蓋的雄性個體，無疑吸引了其他雄性個體，使這些雄性個體「弄錯」而與牠們交配。他之後著手進行了另一個有三種類型的雄性鰓角金龜的實驗，這些個體的觸角都完整沒有被修剪。實驗人員使用了所謂的「新」雄性個體，牠們從未與其他雌性或雄性個體交配過。其他被稱為「已染」（染上雌性個體氣味）個體是一群生殖器被人工引入雌性體內的雄性個體，以使其被雌性的費洛蒙所覆蓋。最後，被稱為「有經驗的」是那些曾經與雌性交配過的雄性個體。然後，博士創建了三個組：

第一組：僅雄性「新」個體。

第二組：雄性「新」個體和雄性「已染」個體。

第三組：雄性「新」個體和近期有與雌性交配的「有經驗的」雄性個體。

「已染」和「有經驗的」個體的鞘翅已經被切除，以與「新」個體做區分。

這是作者提出的結果：

	實驗中的交配對數	同性交配對數
第一組：僅雄性「新」個體	300	0
第二組：雄性「新」個體和雄性「已染」個體	208	2
第三組：雄性「新」個體和近期有與雌性交配的「有經驗的」雄性個體	210	17

費雷接下來指出，被進入的個體（稱為「被動的」），無一例外地

都是第二組的「已染」個體或第三組的「有經驗的」個體。尤其是「有經驗的」雄性個體在第一次交配後，陰莖縮回體內，這便允許新的交配，而這次是與同性個體的耦合。只有兩組交配，一個發生在第二組中的「已染」個體之間，另一個發生在第三組中的「有經驗的」個體之間。實驗者試圖以「有經驗的」個體的疲勞來解釋第三組中最大量的同性交配對數，這些「有經驗的」個體由初次交配耗盡了能量所以無法擺脫「新」個體的熱情追求。最後，第一組中沒有同性交配，這證實了作者的假設，即雌性釋放出的氣味是他認為「新」雄性個體找錯交配對象的原因。

如今的小小計算

在費雷進行實驗後，他的研究結果並未進行統計學解釋，以確定兩組之間觀察到的數值差異是否真的顯著。沒有經過這種分析，就無法確定「有經驗的」個體比「新」個體或「已染」個體更容易發生同性之間的交配。

由於我很好奇現代統計可以從費雷的實驗中得出什麼結論，我向兩位動物行為學的博士生阿佳塔．里耶汪巴辛（Agatha Liévin-Bazin）和馬可辛．皮紐（Maxime Pineaux）尋求幫助，因為根據統計學做數據分析是他們博士生日常生活的一部分。統計檢驗證實了：一方面第一組和第三組，另一方面，第二和第三組之間確實存在顯著差異。換句話說，在實驗之前已經與雌性個體交配的雄性鰓角金龜（「有經驗的」），比未曾交配過的「新」個體，以及那些只被費洛蒙染上的「已染」個體，有更多同性之間的交配行為。此外，除了一隻以外，其他所有「有經驗的」個體都是被進入的角色。

這些結果使我們提出了一個假說來解釋費雷獲得的結果。如上所述，雄性鰓角金龜在交配後仍會與雌性保持結合在一起一段時間，以防止其他雄性個體與此雌性個體交配。因此牠確保了更高的生殖成就。這種行為的解釋符合精子競爭理論。根據此理論，動物的雄性個體互相爭奪，也在誘引雌性個體並與之交配的戰略中競爭。

交配完成後這個競爭也還沒結束。它繼續存在於雌性個體的體內，因為牠可以從其他雄性個體獲得精子，而這些雄性個體有可能損害其上一個交配對象的生殖成就。

我們可以假設雄性個體之間的交配是精子競爭理論的一部分。實際上，根據費雷的說法，如果一個已經與雌性個體交配的雄性個體與一個「新」的雄性個體交配，牠就會阻止後者將其精子傳播給其他雌性個體。前者即因此促進自己的精子受精的機會，而損害後者精子受精的機會。由於新的雄性個體仍要與伴侶保持結合數小時至一天的關係，牠因此失去了與雌性交配並將基因傳給下一代的許多機會。這個假設可以解釋為什麼已經交配過的雄性個體表現出最多同性交配行為。這值得用當前科學的方法和嚴謹性在後續對其進行更深入的研究和測試。

讓我們用在萊茵河沿岸的鄰居也有著相同類型的觀察、論證和爭議，來總結這一簡短的昆蟲學史吧！

昆蟲學和人類學家費迪南德·卡爾施（Ferdinand Karsch，一八五三—一九三六）在一九〇〇年發表了一篇文章，其中他回顧了當時所有關於動物同性戀已知的數據。還要注意的是，除了此處探討的少數文章（出版時只有少數專家才知道）以外，昆蟲中的同性戀主題仍然是未知和機密的，因此，那個時候大多數學者對此都不了解。

最早有關哺乳動物和鳥類的文章

有關鳥類和哺乳動物的科學出版物也有，但仍然很少。法國博物學家雷蒙・羅黎那（Raymont Rollinat，一八五九－一九三二）和艾都瓦・路易吐魯薩爾（Édouard Louis Trouessart，一八四二－一九二七）研究了蝙蝠繁殖並保留豢養了幾隻，也給了我們一個研究例子。一八九六年，他們在文章〈關於蝙蝠的生殖〉中提到了常見的大棕蝠（*Eptesicus serotinus*）雄性個體之間的結合，但沒有做太多的說明。該事件似乎對他們來說並沒有帶來任何困擾。由於他們的主題是生殖，因此他們可能已經考慮了這些行為在他們的研究領域之外。最近，最勤奮研究該主題的作者貝哲米、瓦西（Vasey）、索默（Sommer）和拉夫加登（Roughgarden），都對研究生殖的學者通常逃避觀察到同性戀行為這一事實感到遺憾。他們通常將其視為與他們研究的對象無關的事件。

那三隻翼手目才剛到放在暖氣房中的籠子裡，牠們馬上懸掛在牢房上方的一角：但是其中一隻很快地表現得激動：牠的陰莖是勃起的，非常紅並且搖來晃去。牠爬到同伴的背上，用下顎咬住牠們脖子的頂部，就像想要交配的貓和雪貂一樣，將其陰莖穿過股間膜（蝙蝠的下肢到尾巴間用來控制飛行方向的皮膜）下方，該膜很容易在股骨下方因其陰莖和腹部下部施加的壓力而折疊。在此場景發生的時候，那三隻大棕蝠就一直倒掛在牠們籠子的鐵絲網牆上。（〈關於蝙蝠的繁殖〉，一八九六）

與法國同事不同的是，英國博物家約瑟夫・惠特克（Joseph Whitaker，一八五〇－一九三二）嚴肅地看待了兩隻雌性天鵝之間的明顯同性戀行為。一八八五年，在英國期刊《動物學家》中，他敘述了他的觀察結果，和他為了防止這兩隻天鵝築巢而反覆干涉的行動：

天鵝的巢。去年三月，兩隻天鵝從湖上到達池塘，開始在小島上築巢。當築巢完成後，兩隻中的一隻開始生蛋，而第二隻則每天早晨離開巢進行原是由雄性個體負責的活動。另一隻天鵝留在巢中並生了八顆蛋（我把它們拿走，不想讓它們孵化，而且我也知道牠們兩隻都是雌性個體）後，我隔幾天的早晨又發現了兩顆蛋。因為我每天都去巢那邊看，所以知道蛋都是在夜間產下的，牠們又生了八顆蛋，然後停止了，之後兩隻天鵝在巢的內外之間來來回回走動，這樣持續了十五天，直到其中一隻坐下，然後又生了七顆蛋。我又將它們拿走後，牠們離開巢穴十天，此後又在小島的另一側築了另一個巢，並又生了一顆蛋，然後牠們回到舊巢中，在那裡又生了三顆蛋，兩隻天鵝的其中一隻仍表現得像雄性。的確，無論是兩隻中哪一隻，待在水上的那隻總是很勇敢，游向任何接近池塘邊緣的人或動物。我認為蛋的數量非常不尋常，兩隻天鵝的行為又是如此奇特，以至於我發表對這種行為的觀察。（《動物學家》，一八八五）

雌性的疣鼻天鵝，大概是惠特克所談論的物種，通常每窩生五至十二顆蛋。作者對產下的蛋數為二十九感到驚訝。但是，這個數字很可能是由於兩隻雌性個體都在同一個巢中生蛋而造成的。因此，牠們每隻生了將近十五顆蛋，這相當於被迫再次產卵的天鵝的正常卵數。惠特克的不幸干預是促使天鵝再次產卵的明顯因素。這種現象在許多第一次產卵失敗的物種中非常普遍。我們感到遺憾的是，惠特克沒有在觀察到這對雌性天鵝之後就獲得滿足，反而還不斷地介入干涉。他原本可以因此知道這些蛋是否確實會孵化成小天鵝，並成為第一個發表觀察到一對同性戀鳥類成功繁殖的例子的人。實際上，一對雌性個體在與一個或多個不參與育兒的雄性個體交配後一起育兒是很常見的。但是這個觀點對於這位博物學家來說是難以接受的。

流蘇鷸的反常習性

鳥類學家埃德蒙．史魯斯（Edmund Selous，一八五七—一九三四）詳細觀察了各種雄性流蘇鷸（*Philomachus pugnax*）個體之間的同性戀行為。他在荷蘭泰瑟爾島（Texel）的築巢地點觀察了這些鳥類，如今這個地方仍是歐洲鳥類學的重要研究地點。這些小型涉水鳥歸類於水鳥家族中，牠們在海灘和泥灘上搜尋海中的蠕形動物和貝類，流蘇鷸因其兩性外型的明顯差異而令人印象深刻。雄性個體的身體確實與雌性個體的身體顯著不同。如果要找到一種與流蘇鷸同樣有相當顯著的兩性外型差異的哺乳動物，獅子就是個完美的比較例子。確實，流蘇鷸的頭和脖子的羽毛類似於鬃毛，雄性個體將其膨脹，並在雌性個體面前展示以吸引牠們。

該物種的另一個特性是其擇偶系統。雄性個體在競技場上聚集，牠們做求偶展示並模仿戰鬥。而雌性個體則會到這些非常特殊的地方，以便觀察每個雄性個體的身體和行為優勢。牠們同意與似乎最有能力將「最佳基因」傳給下一代的雄性個體交配，然後，牠們會築巢並獨自育兒。雌性個體們傾向於與其他水鳥種類在一起，而雄性個體卻傾向於分開，只跟自己同一種的鳥類一起。

在十九世紀最純粹的自然主義傳統中，埃德蒙．史魯斯花了很多時間躲在一個藏身處觀察流蘇鷸，以便收集有關其生殖行為的數據。一九〇六年，他在《動物學家》中以野外研究日誌的形式發表了這些文章。他描述了他對雄性流蘇鷸個體之間同性戀行為的觀察結果：

四月二十日……我能夠到達觀察點的時間已經是下午兩點。我一直觀察到下午六點，這段時間不時有鳥出現，但是（幾次觀察下來，只有一次完全沒發生任何值得一提的事）卻發現那裡只有流蘇鷸的雄性個體，同時最多不超過六隻——通常是兩三隻。這次我對這些流蘇鷸的仔細觀察，或近距離的日常觀察到的事實，卻不像直覺所顯示的那麼簡單。可以這麼說，牠們之間一直在與雌性個體相互混淆。例如，牠們之間的兩隻鳥自從牠們到來以後就已經分不開，其中一隻斷斷續續不停地試圖與另一隻鳥得出締結，另一隻好像幾乎要允許牠了，然後戲劇性地用奇特的姿勢蹲在地面，以一種奇怪的方式，向要求牠的那隻的方向打著羽毛，然後再朝天伸展著喙。然後牠平靜地躺在牠旁邊，有時緊緊靠近，然後這一切又重新開始了。從遠處看，可能會誤認為這是打架，但這其實是扭曲的性行為，儘管普通鬥爭的本能也可能與之混在一起。實際上，這些鳥似乎幾乎不了解自己，也不知道自己的感情會將牠們引向何處。牠們之中的一隻有時會往遠處奔跑，然後立即返回同伴處，擁抱牠，並躺在牠的身邊。後來，同一對伴侶面對面進行了兩到三次這荒謬的表演，在此過程中，牠們沒有彼此身體上的接觸，並以突然的分離結束。（《動物學家》，一九〇六）

第二天史魯斯繼續他的觀察：

四月二十一日……在本節的第一部分中，我的主要觀察就是重複了我之前提到的關於性反常的說法，即所謂的性變態——一個讓你不需思考的術語，這些流蘇鷸或其中的某一些個體。我不需要再說明我已經描述過的內容，因為它完全是同一回事，而且還涉及同一對那兩隻流蘇鷸個體——這對我來說似乎很有趣。同樣，當其中一隻在追求另一隻（這是第二個例子）時，牠抓住了牠，我覺得這些似乎是出於更多慾望而不是好戰，而最終也有可能是出自於兩者的混合。（《動物學家》，一九〇六）

除了有關他觀察到的行為的資訊外，史魯斯的報告引起了我們的注意，因為這位鳥類學家似乎對「性變態」的概念感到疑惑，他說這個術語「讓你不需思考」。他表達這句話的方式似乎是直接來質疑「變態／反常」這個籠統術語下，對這些行為的過於簡單化的標籤。史魯斯對他所觀察到的事情感到驚訝，並質疑這種行為的存在，卻沒有不自主地把這些行為歸類到異常的或病態的。令人驚訝的是，他對這些已經被使用很久的詞彙提出了質疑，似乎他有一種直覺，即此主題應得到真正的關注，而不是被簡單地標記為性偏差。

二十世紀的科學進步，但仍充滿偏見

然而，這種呈現同性戀行為的方式在二十世紀仍然是常態，並阻止了對其生物學意義的真正反思。在此以提出一份目錄對本世紀發表的研究進行一個完整的回顧，而該目錄僅止於重複了相同類型的數據和分析。以和布魯斯・貝哲米一樣的方式，我們只要從出版物中提取一定數量的書名，而這些書名說明了動物同性戀曾經並且仍然被視為異常、奇怪甚至病態的事實。在這方面，似乎值得說道的是，動物同性戀反而和異性戀一樣，都沒有成為真正深入研究的對象。以下是二十世紀可以閱讀的書名的詳盡列表：《狒狒性觀念的錯亂》（一九二二）；《雌性紅梅花雀屬的假雄性行為》（鳥類）（一九五七）；《南非鴕鳥的異常性行為》（一九七二）；《雌性大耳刺猬（*Hemiechinus auritus syriacus*）的異常行為》（一九八一）；《對於道德標準明顯低落的鱗翅目的摘錄》（一九八七）；《在自然中單性蜥蜴的假交配》（一九九一）。使用這樣的詞彙並不會令十九世紀的作家感到驚訝，但是在一九八〇年代和一九九〇年代，在拘謹的科學期刊和受人尊敬的研究人員筆下繼續讀到它們，是令人驚訝的。

直到一九九八年文獻中使用的諸如「非典型性結合」、「性荒謬」或「不恰當的性行為」之類用語，保留了當時對觀察到動物界裡同性戀行為的看待方式；同樣的，使用術語「假交配」或「假雄性行為」構成對同性戀行為本身的否定。透過將同性戀視為異性戀規範的扭曲，科學家正在縮小原本自己對動物性行為和生殖的理解可探索的範圍。科學的客觀性希望將這些事件視同其他性行為，在演化論的框架內觀察思考這些行為。

這種研究態度被二十世紀的生物學家們用於各種行為，但是只針對動物同性戀而言，直到二十世紀末科學家的態度才有了轉變。科學家也是人，所以還是受到了當時道德和信仰觀念的強烈影響。

二十一世紀仍受到刻板觀念的困擾

在第二章中，我們提出了二〇一三年關於昆蟲和蜘蛛綱動物的同性戀行為的研究（請參閱第二章〈生物學上適應作用的副產品〉，第一六五頁）。在他們的文章中，學者伊諾恩・沙爾夫（Inon Scharf）和奧利佛・馬丁（Oliver Martin）使用了「主動的雄性個體」（向對方求偶和進攻、進入對方的那方）和「被動的雄性個體」（受到求偶和被攻、被進入的那方）的術語。我們不禁注意到使用這些術語的可逆行性。這種對不同個體的分類方法是基於文化的刻板觀念，這些刻板觀念認為進入對方的個體是主動的和有支配力的，而被進入的個體則是被動的和被支配的。這些詞彙來自於對異性戀和同性戀性行為有偏見的表達方式。

我們只能說，即使是無意識地使用了這些擬人化和大男人主義的論述，也只會危害這些研究人員的科學客觀性。最重要的是，他們的解釋在生物學上是錯誤的：在絕大多數情況下，被進入的個體必須主動地允許對方與其交配，才能進行交配，受到求偶的那方其實能夠輕易地從交配過程中逃脫。

如果我們以鰓角金龜的經典案例為例，我們會記住，進入伴侶的雄性個體在交配後進入了昏沉的狀態，讓自己被同伴拖著行動。在這種情況下，誰是「主動」而誰又是「被動」的呢？很容易找到「主動／被動」一詞的替代詞。例如，我建議以雄性的姿勢將個體命名為「A」和「B」，以明確定義牠們。在觀察許多行為時，通常使用中性術語。為什麼涉及到性的問題就不能也這樣呢？同樣的，作者使用「錯誤」一詞來意指昆蟲的同性戀行為。他們很小心地將其加上了引號，顯然意識到這個詞並不是非常的恰當。但是他們仍然選擇使用了這個詞，這就意味著觀察到的行為超出了預定規範的詞彙。

這些作者還提到了「有效的機會」，但是這一次沒有利用引號了，用於指異性個體之間的交配。因此，他們就是認為同性個體之間的交配是無效的。的確，他們在文章最前面的幾行中提議要研究同性戀行為在何種程度上對昆蟲和蜘蛛具有提升適應作用（adaptation）的價值。但是他們使用的術語已預先否認了這些行為可能帶來任何好處的可能性。因此，他們貶低了他們實驗結果的科學意義。令人驚訝的是，沙爾夫和馬丁並沒有更加注意這個關於詞彙應用的問題，因為他們引用了貝哲米、瓦西和索默這些警告其他人不要使用這樣的詞彙的作者的著作。

當企鵝推翻先入為主的想法時

愛丁堡動物園企鵝的不尋常故事，說明了關於性的先入為主觀念如何影響人們對動物行為的看法及對這些行為的詮釋。一九一七年，這間蘇格蘭動物園自豪地接待了五隻國王企鵝。一九三二年，動物園館長托馬斯．海寧．吉萊斯匹（Thomas Haining Gillespie）出版了《國王企鵝的書》（*A Book of King Penguins*，無中文譯本），書中描述了牠們的日常生活以及牠們的「戀愛」和性關係。作者採博物學者手記的風格，描述了他對企鵝生殖狀況的觀察。這個動物園希望成為世界上第一個豢養國王企鵝幼雛的動物園，園長和飼育人員竭盡全力為這些企鵝提供最佳的生活條件，以便看到這個小族群的成長。該專欄的讀者是普通英語公眾，因此期刊中包含許多擬人化的註釋評語，而這些註釋在當時大多數科學或非科學報告中都非常普遍。

在開始談到企鵝荒唐的冒險故事之前，我必須附帶提到，在許多鳥類中，雄性和雌性個體的外觀都是相同的：牠們的羽毛和體型大小都沒有差異。因此，許多關於鳥類繁殖的行為學研究就是從其行為推斷出研究對象的性別。攻（上／進入）伴侶的那方被指定為雄性個體，而被另一方攻（被進入）的被指定為雌性個體。因此，我不必強調使用這種方法對於性別的基本設想。

企鵝是上述的鳥類其中之一，乍看之下不可能確定牠們的性別。只有觀察到企鵝生蛋才能確定牠確實是雌性。相反地，沒有任何行為觀察可以使我們確定哪個個體是雄性。只有解剖或DNA分析才能得到可靠的答案。以愛丁堡動物園的國王企鵝為例，很容易理解，飼育員並沒有在那些企鵝到達動物園後立即對牠們進行解剖去查看牠們的性別。在一九二〇年代，ＤＮＡ測試也不存在。因此，園長及飼育員就憑著他們所謂的「常識」來區分雄性和雌性。

我們的故事始於兩隻叫安德魯（Andrew）和卡羅琳（Caroline）的國王企鵝。吉萊斯匹在他的書中解釋，他已經根據每隻企鵝的行為為其指定了性別。安德魯被認為是雄性，因為牠似乎是「採取主動」的人，而卡羅琳似乎對於求偶者感到「無聊」。安德魯不滿足於向卡羅琳求偶不成，轉而對柏莎（Bertha）表示了興趣，因此柏莎也被任命為雌性。作者認為這種「不忠實」的行為完全是男性化的。因此，這三隻企鵝組成了一個三人組。但是，令吉萊斯匹在一九一七年十月的一個美好日子感到驚訝的是，他看到卡羅琳向柏莎求偶並交配！他不敢相信自己的眼睛，並稱與這些企鵝的性別有關的事令他「感到相當震驚和不安」。但是，在故事的這個階段，他不再進一步琢磨。

另外兩隻企鵝又加大了牠們這一小組：埃里克（Eric）和朵拉（Dora）。突然，在一九一八年七月八日，我們觀察到一顆停在卡羅琳腳上的蛋。沒有人目睹生蛋的過程。國王企鵝不會築巢，只會在腳上捧著牠們的蛋。牠們會用腹部皮膚的皺摺覆蓋它，使蛋保持在適當的位置並保持溫暖。雙親有責任交替照顧牠們即將到來的後代。牠們可以在乘載著這麼脆弱的東西的情況下移動，但經常保持不動以免發生意外。安德魯和卡羅琳的蛋就不幸地在我們不知由來的情況下被打破了。

失散戀人的悲痛

第二年，一九一九年，我們再次發現卡羅琳的腳上有一顆蛋，而安德魯在牠身邊。由於其他企鵝通常對新的蛋到來非常感興趣，有時會引起爭吵和偷竊行為，因此，我們決定將這對伴侶隔離在另一個圍欄中。這個決定因為把安德魯與柏莎分開，困擾了安德魯，牠不斷哭泣並表現出憂傷的跡象。就柏莎而言，牠也整天都在牠的圍欄中「抗議」。為了避免蛋受這種情況影響，卡羅琳和安德魯又被放回與其他同伴一起的地方。那顆蛋最終孵化了，這隻小國王企鵝是第一隻在人工飼養情況下出生的。

企鵝蛋之謎

一九二〇年夏天，卡羅琳和安德魯被觀察到再次交配，埃里克和朵拉也是。埃里克在吉萊斯匹眼中的行為舉止像雄性，也就是說，牠攻（進入）了被認定為雌性的朵拉。牠們總共產下兩顆蛋，每對各一顆。安德魯和卡羅琳的蛋最終因為沒有受精而被牠們遺棄。同樣的不幸遭遇發生在第二對伴侶的蛋上。在次年（一九二一）夏天，觀察者們才開始懷疑。

那一年，伴侶的配對發生了變化。卡羅琳和埃里克在一起，朵拉和柏莎也是如此。第一對伴侶產下一顆蛋，但一段時間後被打破了。第二對在八個星期的時間內孵了一顆蛋。由於它沒有孵化，因此飼育人員將那顆蛋移除，卻發現它裡面有一隻死去的雛鳥。動物園團隊很驚訝。兩位雌性個體怎麼會有受精卵？吉萊斯匹認為，與另一對伴侶打架後，必定發生了不幸的蛋的交換。有一段時間，他的疑慮暫時因為這個解釋而得到了平息。

然而，另一個謎又困擾著園長。有一段時間，安德魯被跟其他企鵝隔絕了，因為牠是和卡羅琳和柏莎雙重分離後的麻煩製造者，而飼育員擔心牠會把蛋打破。一旦確定牠將不再造成麻煩後，飼育員將其放回與其他企鵝一起的地方。之後，我們有一天發現牠正在孵蛋。這顆蛋是從哪裡來的？他是從其中一隻雌性企鵝那裡偷來的嗎？問題仍然沒有得到解答，幾天後，安德魯輕率地在攀爬岩石的時候，把牠的蛋打破了。這些蛋破損得真的太頻繁了。

謎霧更濃烈

為了更完善地監視和保護未來的雛鳥，一九二二年，動物園決定重新布置五隻國王企鵝的圍欄。一旦配對，擁有蛋的一對企鵝就會在布滿草皮的小圍欄中與其他企鵝分開。那年卡羅琳和朵拉配成了一對。儘管兩者都被認為是雌性，但牠們都被轉移到為各自設的小圍欄中。朵拉下了一顆蛋，在飼育員面前，牠似乎對那顆蛋失去了興趣，將所有的孵化工作留給卡羅琳。因此，我們決定將兩名雌性企鵝分開，並用安德魯代替朵拉，前者顯然被視為卡羅琳的「合法」伴侶。但是安德魯也讓卡羅琳自己孵蛋。

有一天，我們看到卡羅琳和安德魯各自在孵一顆蛋時，事情突然變得更複雜了！然後吉萊斯匹更嚴謹地對安德魯的性別提出了疑問。由於這顆蛋是不育的，安德魯和卡羅琳各自被放在相鄰的單獨圍欄裡。同時，朵拉似乎對柏莎感興趣。愛丁堡動物園正在逐漸轉變為早期的真人秀節目，使觀眾處於緊張的狀態。朵拉和柏莎很快又有了一顆新的蛋，但它也是不育的。雛鳥從卡羅琳孵化的蛋誕生了，但是牠太虛弱，只存活了幾天。

安德魯更改姓名，卻不更改性別

安德魯最後真實性別的透露是發生在一段時間之後，當時牠再次被發現有一顆蛋。因為被隔離在自己的個人空間中，牠只能以一種方式獲得一顆蛋：自己生！這就是安德魯變成安的過程。先前所確定的每隻企鵝的性別，最終受到質疑，我們意識到只有朵拉的性別判斷是正確的。其他企鵝都與我們判斷牠們的性別相反。卡羅琳成為查爾斯（Charles），埃里克（Eric）變成了埃里卡（Erica），而柏莎變成了柏特朗（Bertrand）。

因此，被認為是同性戀的伴侶其實是異性戀伴侶，反之亦然。被這個故事所娛樂的那些人，仍然可以藉由以這種新的方式重讀它來獲得娛樂。然後，他們將對這些企鵝之間的關係看到完全不同的詮釋。這個帶有滑稽意味的例子特別告訴我們，除了將生物性別判定於所觀察到的動物以外，人類還把動物套上了他們想像的樣子：以企鵝的交配姿勢，被屈服的那方被認為是雌性。同樣的，吉萊斯匹稱卡羅琳為好母親，因為牠花了數小時來照顧自己的蛋，而安德魯是一個朝三暮四而輕率的丈夫，沒有照顧好牠的後代。在揭示了企鵝們的真實性別之後，這些刻板觀念就被推翻了。安成為一個不稱職的母親，而查爾斯則是好榜樣父親的化身。如此看來，企鵝性別假設被推翻的這件事其實還是沒有給作者帶來教訓，因為他仍舊不願徹底改變自身那種帶有刻板印象的想法為企鵝們分配角色。

然而，吉萊斯匹值得稱讚的是，儘管他對企鵝的同性戀行為感到驚訝，但他並沒有因此斥責企鵝。他也不稱牠們為不正當或異常。這個例子再次說明，擺脫所有人的偏見，強迫自己做出最客觀的觀察，避免倉促得出結論，這是每一個可靠科學研究的基礎。沒有這些謹慎的提防，收集的數據資料將失去所有價值。

直到二十一世紀初，對動物同性戀真正的科學研究才真的開始。有待闡述的是研究人員該如何從演化論的角度來解釋和融入這些行為。

註一：坐騎，包覆、騎上、上，指交配時，攻或進入對方的行為，在此書中都翻譯成「攻」或「進攻」。

註二：在這方面，讓我們澄清少年愛和戀童癖之間存在的根本區別。以最初的定意上來說，少年愛是指感到被已到青春期的男孩（即青少年）性吸引的男人，他對年輕女孩是沒有興趣的。戀童癖者，無論男女，都感到被同一種或另一種性別的青春期前的孩子吸引。在當時的法律上，戀童癖是犯罪，而少年愛則不是。

註三：作者在這裡打了一個問號，因為他想知道是否應該以「交配、耦合」來討論這個觀察。這表明他不太願意接受動物會有同性戀行為。他使用這個詞是因為不知道該如何用其他詞彙來闡述，但是這對他來說很困惑。

註四：（譯者註）這是一種法語俗語中用來叫「昆蟲」的方式，現今已很少在日常語言中使用，而通常用於指蜜蜂。它在一六九四年首次出現在法國科學院的詞典中，該詞典將蜜蜂定義為生產蜂蜜的蒼蠅。

註五：（譯者註）作者這裡指的是：學者們因為無法接受紅毛猩猩之間會有口交這種讓牠們感到愉悅的行為，就試圖把觀察到的這種行為推斷成是牠們的一種攝食方式，以精子為食。

註六：這段話使許多人在集會上大為吃驚，因為之中許多人都知道希臘的「少年愛」一詞的起源，意思是「對青少年的仰慕熱愛」，他們認為用來形容動物行為是不適當的。有些人後來因此批評他。但是加多德科維爾卻表示他認為這是吹毛求疵，因為他認為這個詞早在多年前就一直與男人之間性行為的觀念混淆了。

註七：（譯者註）作者荳潔依照佩拉加羅一八六三年文章中列出的三種鞘翅目昆蟲，但是其中第一種是屬於*Telephorus*這個屬（法文通常是以那個種的屬稱之，這裡就是téléphores，應屬於螢科Telephoridae），此屬沒有中文譯名而依照當今的物種分類，這個屬可能已經被列入黑姬菊虎屬（*Rhagonycha*），種名可能是*R. fulva*。第二種也是黑姬菊虎屬，佩拉加羅一八六三年的文章寫說是Fabricius命名的*R. melanura*，依照當今的物種分類，其實跟*R. fulva*可能是同一種。第三種，佩拉加羅一八六三年的文章寫說是*Luciola lusitanica*，此種種名還存在於當今的物種分類，但無中文譯名。

註八：如今，有許多心理學家、心理分析家和精神病學家仍然否認或不了解動物心理學和行為學領域的發現的重要性。他們更忽略和不了解其他動物及人類心理和行為過程之間可能存在相似之處。臨床心理學專業人士和學者通常將他們的研究對象視為與其他動物界根本隔離的生物。在不否認人類作為一個物種的特殊性的情況下，否認將人類與其他動物在生物學和心理學上的聯繫，似乎是反科學和過時的。我在求學期間至今一直反覆觀察到這種可能無法令人們從人類心理學領域的知識進步中受益的態度。

第二章

了解動物同性戀

雖然猶太教、基督教思想和演化論爭辯的議題很多，卻有一個被認為是自然法則的觀點將它們連結在一起：生物的最終目標是生育。在達爾文演化論的理論框架內，每一個生物，無論是一顆波爾多牛肝菌、一棵李子樹、一隻狒狒還是一個人類，都會無意識地受到一種意願驅使，以將其生殖成就最大化。因此，每個個體的行動都將以相同的目標為條件：盡可能產生更多的健康後代，然後他／牠們也將能夠將其基因傳給下一代。

沿著這些思路，理查．道金斯（Richard Dawkins）頗有爭議的「自私基因理論」（註一）甚至說，正是基因本身主宰了動物和人類的行為，它唯一的目的就是生存，然後世代相傳。

然而，儘管他的理論很紮實，查爾斯．達爾文本人也預見到了令它說不通的一個關鍵點。他在第六版《物種起源》中寫道，不育的昆蟲的例子似乎構成了難以克服的問題，甚至對他的理論來說也是致命的。他提到工蟻或工蜂，牠們的性器官是沒有發育的，也因此無法繁殖。幸運的是，他沒有因此放棄自己的理論。隨著科學的興起，在一九六〇年代和一九七〇年代，有關該主題的大量研究被提出，甚至有了能夠解決這個矛盾的假設。

那些不生育的例子

社會生物學家愛德華・奧斯本・威爾遜（Edward Osborne Wilson）的合作繁殖理論，和威廉・唐納・漢密爾頓（William Donald Hamilton）的親屬選擇理論，確實表明某些動物為了幫助與牠們有遺傳關係的群體成員而放棄了自己的繁殖，這些個體因此也間接地傳播了牠們自己一部分的基因。在養殖的蜜蜂社會例子中，工人們都是皇后的女兒，透過幫助和養育與牠們共享百分之七十五基因的自己的姊妹（工人們和未來的皇后），從而確保將遺傳基因傳給後代。在動物界的許多研究已經有了支持這些理論的例子。

但是，同性戀動搖了演化論的基礎，因為乍看之下它似乎不能促進物種的繁殖。此外，它也推翻了大多數生物學家用來解釋性行為的理論基礎：性選擇。性選擇與演化論是密不可分的。達爾文用以下術語描述了性選擇的過程：並非所有雄性個體都有等同尋找伴侶的能力。所以在牠們之間才會有競爭。牠們競爭並在雌性個體面前展示，讓雌性個體得以從中挑選伴侶。每個雄性個體的「目標」是要向雌性個體表現牠是個「好選擇」，牠帶有「好基因」，這些基因將使牠們生出一些能夠生存的後代。

雄性與雌性個體之間也有第二種競爭形式，但牠們的利益不同。一方面，雄性個體產生許多精子，而雌性個體產生的卵子則數量有限。因此，雄性個體的目的是盡可能與更多雌性個體交配，以優化其基因的傳播。就其本身而言，雌性個體必須仔細選擇與之交往的雄性個體，以便為牠的後代提供良好的生存機會。另一方面，根據演化生物學家和社會生物學家羅伯．泰弗士（Robert Trivers）於一九七二年描述的親代投資理論，雌性個體比雄性個體參與更多對後代的照顧。產卵、孵化或孕育是牠們的責任，若是哺乳動物，哺乳更是消耗大量的能量。

因此，比起只為了與多個雌性個體交配的雄性個體，雌性個體在繁殖上投入了很多精力。這適用於所謂的典型物種，在該物種中，雌性個體比雄性個體投入更多的精力。在非典型物種中，例如海馬或鴕鳥，是由雄性個體承擔孵化和育幼的工作。在這種情況下，雌性個體才可能有最多伴侶，而雄性個體是照顧後代最多。最後，在許多物種中，特別是鳥類，兩性之間的親代投資是相等的。只需簡單地將泰弗士的理論調適到所研究物種的繁殖類型，便可以將其應用於所有情況。

動搖的演化論

也許，性選擇和親代投資理論皆基於以下思想：性＝生殖。在此理論框架內，每個動物個體都應選擇性伴侶，其唯一目的是盡量繁殖。但是，由於許多動物個體選擇了同性伴侶，因此這種不育行為的最即時的目標不是繁殖。乍看之下，同性戀構成了演化論巨大的絆腳石。這種狀況加上社會文化偏見，可以解釋科學家不願將這些行為視為研究的真實對象的原因。由於動物同性戀並不直接適用於這些通用的理論框架，因此有時完全迴避這種行為比將其視為科學的挑戰更容易也更安全。然而，這應該是一個很能夠啟發和必要的研究議題，可以讓人們對生物有更完整的了解。正如我們將要看到的，學者們或多或少都在努力地將動物同性戀納入演化論的理論框架。

了解動物行為學

動物行為學致力於動物行為的研究，並提出從這個理論結構中得出的假設。尼古拉斯・丁伯根（Nikolaas Tinbergen，一九〇七－一九八八）、康拉德・洛倫茲（Konrad Lorenz，一九〇三－一九八九）和卡爾・馮・弗里希（Karl von Frisch，一八八六－一九八二）是動物行為學的創始者。丁伯根解釋道，可以從四個不同層面來研究動物行為：

第一層面：行為的運作機制。

第二層面：行為存在的理由是有關生存和／或繁殖（功能性）。

第三層面：個體行為的發展，稱為個體發育。

第四層面：導致物種演化過程中行為的出現和維持的原因，稱為種系發生。

第一和第三層面的問題是想解釋行為的表達方式，而第二和第四層面的問題是想解釋觀察到的行為之原因。

讓我們以一個例子來說明：雄性鳥類個體的歌聲。

第一層面：雄性鳥類個體鳴唱是由於肌肉收縮而引起的，該收縮會導致其發聲器官振動，這個器官就是鳥鳴管。

第二層面：雄性鳥類個體鳴唱吸引雌性個體，以便與雌性個體交配繁殖。

第三層面：雄性鳥類個體的鳴唱出現在特定年齡，與鳥的性成熟程度相對應。

第四層面：在演化過程中，開始鳴唱的雄性鳥類個體比不鳴唱的雄性鳥類個體更能吸引雌性個體。因此，牠們成功繁殖了更多後代，從而將鳴唱這個特徵傳給了後代，直到今天。

現在想像一下，這隻雄性鳥類個體與另一隻雄性個體成對。

第一層面：兩個雄性鳥類個體的神經系統、肌肉和骨骼相互作用，而允許交配的姿勢。

第二層面：交配保持雙方的連結，使這對雄性個體可以照顧牠們其中之一為生父的一群雛鳥。牠們將使新一代的同類雛鳥出生。

第三層面：出生前因為暴露於某些激素導致了同性戀行為。

第四層面：在演化過程中，同性戀行為的出現允許了沒有這種伴侶就無法生存的雛鳥得以活下來。由於兩個雄性鳥類個體中的一個經常是雛鳥的生父，因此牠將這個生物特徵代代相傳。

當然，此處做出的解釋僅是藉由示例提供的假設，並不構成對所提問題的明確答案。正如沃爾克・索默（Volker Sommer）和保羅・瓦西（Paul Vasey）在他們的《動物中的同性戀行為，演化論的觀點》（*Homosexual Behavior in animals. An Evolutionary Perspective*，無中文譯本）一書中所指出的，至今尚未有對任何動物物種完整進行有關同性戀行為的丁伯根式分析。但是，其中一些問題已經在許多物種中進行了研究，並產生了各種假設。

關於生理學和個體發育問題或「如何進行這方面研究」的問題，一些實驗研究已經著手探討那些可能影響了同性戀行為的激素，神經生物學和遺傳方面（請參閱第三章〈孤雌的蜥蜴〉及以下單性蜥蜴的例子，第二二四頁）。主要原因分析有兩個分支。一方面，同性戀行為可能的功能：「它們的作用是什麼？」另一方面，它們在演化過程中的歷史：「為什麼它們被天擇了也被保留了呢？」下面列出的清單並非旨在表現得詳盡無遺，而是反映了專門針對該主題的各種著作和科學文章，以及個人建議和分析中提出的主要假設。

動物同性戀可能的和假定的功能

表達強勢

對於某些假設的支持者而言，進攻交配（攻受關係）首先是一個個體對另一個個體表現強勢地位的方式，反映了每個個體的社會地位。同性個體之間的交配是可以用來避免侵略和攻擊的儀式化行為。上（攻）的動物個體有著占上風的地位，而被上（受）的動物個體有著占下風的地位。要檢驗該假設相當容易，因為只要比較動物個體在交配期間所扮演的角色的社會地位就足夠了。如果同性戀行為被用來減少侵略行為的出現，它也應該在小族群內緊張程度較高的情況下更頻繁地出現。

在某些靈長類動物中，例如松鼠猴和短尾猴的雌性個體之間，似乎確實是這樣。但這也不是個常規。大多數研究此假設的研究表明，即使這並不代表大多數情況，受方也經常是比同類的攻方有著較高的社會地位。因此，印度對野生葉猴的研究中表示，在雌性個體之間四分之一的同性戀關係中，攻方的地位比受方的地位低。在雄性個體之間，這一比例則高達百分之三十三。另外，一些個體也被觀察到會經常要求同類的個體攻（上）牠，這推翻了性關係是由占優勢的那方支配的想法。

從這裡我們可以清楚看到這個對於強／弱勢地位的假說，是來自於人們深信「雌性的角色」就一定是被支配的，而「雄性的角色」必定是有力而控制其他個體的。這個刻板印象卻被野外實地勘察而得到的數據資料徹底推翻了，比如大猩猩、日本獼猴、短尾猴、普通獼猴（即恆河猴）這些例子。

在倭黑猩猩個體之間，下屬更頻繁地向主導個體進行性交，相反的情況也有被觀察到。在一項關於黇鹿、歐洲馬鹿和白尾鹿的同性戀行為研究中，作者觀察到，下屬鹿個體最常占據攻方的角色。該假設的另一個缺點在於，它試圖否認互動個體之間的性的本質，以將其簡化為簡單的社會和儀式背景。同樣地，它也排除了同性戀關係的全部範圍，各種各樣的愛撫、口腔對生殖器的接觸、摩擦，以及許多既沒有「攻方」也沒有「受方」的行為。

如果我們認為同性戀接觸是防止侵略的工具，我們還必須考慮到研究表明，這種接觸也會發生在任何社交關係緊張的情況以外，這已在恆河猴、日本獼猴、短尾猴，狒狒和倭黑猩猩社會中觀察到。有時在帶侵略性的互動之後，是下屬攻上屬，而相反的情況沒有被觀察到。最後，這種強／弱勢的假說只能針對生活在階級社會群體中的動物。這個假說在大多數鳥類上就不適用。因此，強／弱勢地位可能在同性戀行為的表象中，但這項假說也不能用來作為所有情況最終明確的解釋。這將是把事情過度的簡單化。

社交關係緊張的調節

在這個假設中，同性戀關係將構成一種衝突管理的方法。在倭黑猩猩中，任何形式的性交都能幫助化解衝突局勢。事實上，同性戀行為往往與飲食有關。當食物來源被某些個體壟斷或在牠們生活空間內有限的話，同性戀關係允許那些通常不會先得到食物的個體得以獲食。同樣，當衝突發生在兩個雌性個體之間，牠們也經常通過性交解決這個衝突。性交帶來的愉悅感會以某種方式發揮阻止侵略的作用。

同性戀行為的這種功能似乎在許多物種中有類似的作用。在豢養牛隻中，雄性之間個體的交配，在缺乏食物或種群中個體組成發生變化這類相關壓力情況下有所增加。晚上聚集在一起睡覺的啄木鳥種群中，我們也觀察到同性個體交配，與需要找到可以睡覺的位置所構成的壓力有關。

和解

與衝突處理的同一思考領域中，同性戀行為將是動物在侵略發生時修復愉快社交關係的一種方式。如果這個假設是正確的，那麼在侵略行為之後應該比之前觀察到更多的同性戀性行為。某些獼猴的行為似乎證明了這一點，但倭黑猩猩卻不包括在內。對野外這些猿類的研究表明，雌性個體之間的生殖器與生殖器的摩擦在受到襲擊後會增加，但是大多數此類行為的紀錄仍然發生在所有衝突情況之外。此外，和前面兩個假設一樣，和解這個假說僅對生活於階級社會的動物有效。

加強社會聯繫

某些伴侶之間的同性戀關係將使牠們保持緊密並持久的連結，並有助於促進動物社會個體之間的聯繫。人類學家約翰．沃塔納貝（John Watanabe）和芭芭拉．史末茲（Barbara Smuts）表明，雄性狒狒個體會互相愛撫對方的生殖器，這是一系列禮節行為的一部分，在這種行為中，牠們互相親吻、自我介紹、握住對方的下半身並互相攻受交配。在經常有積極侵略性關係的狒狒類社會中，這種同性戀儀式將是建立連結的一種方式。

的確，藉由把自己身體最脆弱的部位讓同伴靠近，這些動物個體就像是簽署一種信任協議。因此，牠們將發展健康的社會關係，從而鼓勵牠們之間的合作而不是衝突。但是，瓦西和索默正確地解釋說，同伴之間的梳洗是靈長類動物廣泛使用的一種社交工具，其風險要比把自己的生殖部位送上給同伴要低，而且同伴的反應又是無法預測的。東非狒狒的例子似乎是個例外，梳洗通常是被用在一個小組中個體之間的聯繫。

結盟

該假設擴展了先前的假設，並考慮了某些雄性個體之間可能持續有著同性戀性關係以結盟的可能性，以便在與其他雄性個體發生衝突的情況下有更好的防禦。這是一種甚至比一般的社會聯繫又更緊密的關係。當這個聯盟的成員遇到麻煩時，牠的盟友就會來救牠。特別是在上述的東非狒狒中已經觀察到這種現象。從事同性戀行為的雄性個體在遇到小組其他成員有困難時會互相幫助。保持這種聯繫代表著生存方面的絕對優勢。單身雄性個體在戰鬥中很容易受傷，而兩個盟友則比較強大，更能夠掌握潛在的危險。因此，把自己身上最脆弱的生殖部位送上給同伴而使之受傷害的風險，就和結盟所帶來的收益相抵消。

寬吻海豚也是這種關係的行家，這關係可以維持雄性個體之間的信任並使牠們聯合，特別是為了與雌性個體有更好的接觸（請參閱第四章〈海豚同性戀〉，第二三九頁）。雖然這些同性戀同盟系統似乎已在此處引用的物種中得到證實，但它們並沒有構成可以一概而論的標準。在倭黑猩猩、日本獼猴、鹿和葉猴中，這一假設明顯無效。

對幼小的照顧

同樣在合作方面，雙親之一將與同伴保持同性戀關係，以幫助牠完成照顧幼小的工作。這種假設尤其適用於不能獨自育幼，並需要與伴侶合作以順利度過繁殖季節的鳥類。

在某些情況下，海鷗群落的雄性個體比雌性個體少。因此，一些雌性個體被已經與其他雌性個體成對的雄性個體受精，因此這些雄性個體不能同時照顧兩個巢。雌性個體不能獨自保護牠的巢穴，因為一旦缺席去覓食，牠的蛋極有可能被其他海鷗破壞。因此，兩個雌性個體可以結對以交換育兒的服務，並一起成功地繁殖。只有當雄性／雌性個體比例不平衡時，才能適用此假設。但是，成對的雌性個體也存在於雄性個體數量短缺的物種中，例如雪雁。這些觀察甚至質疑先前的假設，雄雌不平衡的存在也許不是海鷗中同性個體成對的唯一可能解釋。

同樣，這種照顧幼小的假設並非對所有物種都適用，因為它被日本獼猴的例子反駁了。確實，日本獼猴的雌性個體有可能對牠同性伴侶的幼小表現出攻擊性。

親子選擇

如我們所見，有些動物個體會放棄自身繁殖的機會來支持和促進其近親的繁殖（請參閱前文〈那些不生育的例子〉，第一三四頁）。舉個例子，就同性戀動物而言，牠看似失去將其基因的百分之五十傳遞給下一代的機會，但是藉由幫助了撫養其兄弟姊妹的幼兒，牠間接地將自己百分之二十五的基因遺傳給每個健康的姪子或姪女。如果牠幫助自己的兄弟姊妹撫養兩個後代，將達到已傳播基因的百分之五十，這就好像牠還是成功地繁殖了。這個假設雖然重要，但卻忽略了一個事實，即從事同性戀行為的動物很少完全只從事同性戀行為，而必須被視為雙性戀。因此，牠們不會被排除在繁殖之外，也會將其基因組成傳給後代。

吸引異性伴侶

一個冒險的假設是，互相交配的雌性哺乳動物會採取這種行為，以引起種群中主導的雄性的注意，從而確保繁殖的成功。傑佛瑞・帕克（Geoffrey Parker）和理查・皮爾森（Richard Pearson）甚至認為，只有緊摟住（此指「攻」的角色）雌性伴侶的雌性個體，才會得到雄性個體的青睞。牠因此也對和牠交配的那個雌性個體展現了利他主義。其他作者聲稱，那些表現出「順從性」（此指「受」的角色）的雌性個體也會受到雄性個體的青睞，因為牠們表現出對雄性的高接受度。

這些主張不能被認真看待。除了它們看起來令人懷疑之外，這些假設還以擬人化的方式設想了動物的行為，並以性別歧視的方式設想了人類的行為。的確，許多同性戀性行為在生殖期以外也有被觀察到，這使雌性個體為了藉此吸引雄性個體而更成功地繁殖的主張牴觸。有些雌性在與其他雌性個體發生性關係時還經常躲避雄性個體的目光，有時還會攻擊試圖打斷牠們的雄性個體。此外，這個假設沒有說明雄性個體之間的同性戀行為。作者可能會以為雄性個體也想藉著牠們之間的性行為來刺激雌性個體及吸引牠們的注意，但奇怪的是，這些作者沒有提到這種可能性。

為了異性戀行為的練習

在很多科學文獻中，同性戀是不成熟時候的性行為，並且是為了訓練成年的和異性戀的性。同性個體之間的性行為是為了學習用於生殖的特定姿勢和行為。這個想法被一個簡單的事實就反駁了——成年個體之間經常進行同性戀行為，但是牠們並不需要學習或練習性行為。

生殖競爭

兩個同性個體中「攻」的角色會阻止「受」的角色的個體與異性伴侶交配，以降低其生殖成功率。此假設適用於鰓角金龜這個特殊的例子（請參閱第一章〈如今的小小計算〉，第九十三頁），但是在任何情況下都無法將此假設用於其他例子來一概而談。確實，正如我們所看到的，在動物生育期以外，發生了許多同性性行為，這些行為因此不能與個體的生殖成功有任何關聯。在繁殖季節觀察到同性行為的情況下，一項關於短尾猴的研究表示，排卵期的雌性比同時不育的雌性個體更頻繁地被同性伴侶「攻」。在這種情況下，雌性個體中「攻」的角色試圖以同性性行為減少牠們接近雄性個體的機會，來降低受精的可能性。但是，應該檢驗所有雌性個體的實際生殖成功（繁殖成功率），以證實或否認該假設的有效性。在野牛和黃胸鷸中，同性個體之間的交配有時會干擾到異性個體之間交配，便可支持這一假設。

難以捉摸或根本不存在的功能？

回顧多種對於動物同性戀功能的嘗試解釋，使我們得到了一個發現：這些假設中沒有一個是足夠強大穩固到能讓我們繪製出它某個或多個功能的獨特面向。有些似乎對於某些物種成立，但並不構成可擴展至所有物種中同性戀行為的基礎。當然，沒有一個適用於整個動物界。正如瓦西和索默在他們的書中指出的，也許正確的假設尚未被找到。也許甚至沒有唯一的一種功能性原因導致了同性戀，因為這種現象過於複雜和多面向，而無法用簡單的解釋加以說明。因此，我們必須研究與丁伯根提出動物行為的「原因」不同的另一個層面。

在一個物種上如今可以觀察到的生理現象、特徵和行為，是在該物種的演化史中出現的。它們可能是生物學上某種適應作用的副產品，而因為不構成任何對生存不利的特殊條件，所以持續存在：自然界中的物競天擇並沒有消除這種特性，而這種特性也不會增加物種生存必須付出的代價。通常可以說明這一想法的例子是，在哺乳動物中雄性雖然無法利用母乳餵養後代，但雄性哺乳動物的乳頭卻持續存在。雄性哺乳動物的乳頭沒有哺乳功能，但乳頭對雄性個體而言也不是有害生存的因子。因此，它們不會承受天擇隨著時間的流逝而使它們消失的壓力，因此就在哺乳動物的演化史中保留下來了。

讓我們再舉一個例子。看到食物後垂涎的觸發是一種生物學上的適應，對於擁有它的動物或人類，它具有演化的優勢。確實，一個受到刺激正在垂涎的個體會促使牠去覓食，這對牠的生存至關重要。但是，想像一下，一個迷失在沙漠中的人，看到了上面有冰淇淋的海報。在這裡，垂涎並不會促進他的生存。相反的，它甚至會讓他脫水。在這種特定情況下，垂涎就是演化的副產品，其適應的功能性隨著環境而變化。

一種生物學特性對於一個個體而言也可能是代價高昂的適應不良，當這個個體受到天擇的壓力時，便會使這個生物學特性消失。如果一個動物個體在看到石頭時會垂涎，牠的進食行為將不利於其生存。天擇就意味著該動物個體可能不會長壽，也沒有機會繁殖。導致這種無法適應的行為的基因將隨之消失。難道同性戀可能是某種適應的副產品，甚至是適應不良的產物嗎？

生物學上適應作用的副產品

因此，該假設提出動物同性戀是種沒有特定功能的適應的副產物。它是從其他被天擇出的特性中衍生出來的。例如，一個雄性個體如果很容易被激起性慾，對牠是有利的，因為這促使牠經常接近雌性個體。這種行為使牠能比對性不敏感的雄性個體更有效地繁殖。但是，具有較高的性動機也可能對此雄性個體帶來負面的影響。北象鼻海豹（*Mirounga angustirostris*）就是一個例子。亞成年雄性個體會爬上與自己同性的少年與牠交配。前者的行為就和牠與雌性個體交配一樣，而後者則試圖逃跑，卻還是受到強迫交配。在一九九一年對此主題的研究中，娜歐米·蘿絲（Naomi Rose）和她的同事認為，這種行為是生物學上一種適應的副產品。演化過程中可能更有利於表現出強烈性慾的雄性個體的生殖成功。這個特性雖然似乎對那些被強迫交配的北象鼻海豹少年帶來傷害，但是這種行為因為一個簡單的原則而沒有受到天擇的淘汰：儘管它對經歷這種行為的少年個體有害，但它並沒有影響到整個物種的永續性。

很重要的是，絕大多數動物界中觀察到的同性性行為不是強迫造成的，並且也不會對參與其中的個體造成傷害。一些作者認為，在某些物種中，同性性行為可以被視為具有強烈性興奮的表現。伊諾恩．沙爾夫和奧利佛．馬丁於二〇一三年進行的一項研究，提出了這樣的一個觀點來解釋昆蟲和蛛形綱動物中的同性行為（註二）。對他們而言，這些行為是由於誤認對其求愛並上（攻）牠的伴侶的性別造成的。被上（受）的動物個體身上雌性費洛蒙的存在是這個錯誤的根源。作者認為，有些雄性個體無法正確地區分雄性和雌性，因為「犯錯」並與雄性個體交配總比冒著做過多區別和拒絕「有效機會」（和雌性個體交配）的風險更好。因此，這些學者認為，同性戀行為就是強烈性動機的雄性個體這種生物學上適應的副產品。然而這還是缺乏證據。因此，應繼續進行調查，以評估在哪些情況下同性戀行為對雄性個體或多或少是有利的，並找出它與其他能促進其生存和／或生殖成功的行為的相關性。例如，沙爾夫和馬丁認為，同性戀傾向可能與某些天擇的優勢相關：在飲食和性方面的競爭力增強，牠們可能更能夠忍受食物短缺的壓力，或普遍抗壓能力可能更強。這些想法只是一些目前研究的方向，尚無證據可以支持。

而在這一切中的愉悅感呢？

瓦希、索默和貝哲米在各自的研究著作中探索了兩個假說之一，這兩個假說對我而言似乎最能解釋動物世界中同性戀行為的存在和維持。這個假說是：同性戀行為是愉悅感演化的結果。愉悅感，這種正向的感覺的作用是什麼？為什麼進食、保暖或有性行為等活動是令人愉快的事情？答案很簡單：賦予愉悅感的事物通常有助於物種的生存。在其演化史上，偶然發現進食讓牠們有快樂的感覺的動物，與對進食表現出中立或不愉快感的動物相比具有優勢。尋找這種愉悅的感覺促使動物尋找植物或獵物，與沒有這種動機的動物相比，牠們可以生存得更好。同樣的，在性行為中感到愉悅的動物會自願再次尋求，以重複之並留下眾多的後代，而這更確保了牠們遺傳的連續性。這種感受到愉悅的能力因此就代代相傳至今。儘管從一開始，愉悅的感覺可能就偶然地與繁殖這件事連結上了，但它們經過天擇的作用已變得密不可分。愉悅感可能就此成為了性行為這個結果的動機。

我們可以合理地假設動物會交配和繁殖，首先因為牠們尋求的是交配和繁殖賦予牠們的愉悅感。這使我得出一個至關重要的結論：在做一個行為的過程中所經歷的感覺，可以導致此行為持續存在。動物不會有意識為了生下後代而決定有性行為。反而，牠們傾向於重複做令牠們感到愉快的行為。在這種情況下，愉悅感可以說是促進了生殖。這個解釋適用於整個動物界嗎？如果現在愉悅感和痛苦的概念出現在鳥類和哺乳動物等所謂高級脊椎動物身上，很容易被我們所接受，那麼昆蟲呢？我們能否想像愉悅感的假說也適用於此類的動物？

要回答這個問題，我們必須先探索愉悅感的生物學基礎：獎賞系統。獎賞系統可以定義為根據動物行為而被激活的一組神經構造。神經元釋放負責愉悅感的神經傳導物質。（獎賞系統還涉及對藥物的依賴或某些行為等上癮。）該系統最早的研究是對哺乳動物進行的，被認為對其生存至關重要。它參與進食的觸發、繁殖以及學習對生物體有保護或威脅的事物。在昆蟲中，獎賞系統的存在長期以來一直被忽略，直到最近二十年才得到認可和研究。

昆蟲的愉悅感

動物學家喬納森．巴爾科姆（Jonathan Balcombe）在他的《愉悅的王國》（*Pleasurable Kingdom. Animals and the Nature of Feeling Good*，無中文譯本）一書探討了動物界中所有令動物得到愉悅感的面向。他提出了許多研究，這些研究表明昆蟲也會感覺到疼痛。例如，我們的手碰到很熱的電爐會迅速把手移開，蟑螂和蚱蜢的腿接觸到相同的刺激物時也是如此。此外，昆蟲對緩解疼痛的藥物（例如嗎啡）也很敏感。吸了嗎啡之後，牠們在熱的電爐上停留的時間比平常情況下更長。嗎啡可以緩解疼痛，一樣地，它也可以刺激昆蟲的獎賞系統：被注射嗎啡數天的蚱蜢會上癮。該觀察結果表示，這些動物確實能夠受到藥物的影響和其所提供的感覺。

我們很難描述愉悅感對昆蟲能代表什麼，但是目前的科學數據使我們能夠肯定，對昆蟲來說它在生物學基礎上是存在的。即使昆蟲具有與脊椎動物不同的生理和神經構造，在牠們身上發現相同類型的生物機制其實也不足為奇。的確，痛苦和愉悅代表著同一控制機制的兩個相反的面向，它們在演化史上的起源可能都很久遠。在被燒到時不會感到疼痛的動物的生存機率是什麼？從字面上來看和從延伸出的意義上來說，牠都將很快被化為灰燼。對於不樂於進食或繁殖的動物也是如此。想像一下，一隻蝴蝶從花上吮吸甜蜜的花蜜時，如果其神經系統沒有得到獎勵，牠可能就只是以水為食，並且由於缺乏糖所賦予的能量，牠可能會在可以繁殖之前就滅亡了。有人可能會反駁說，昆蟲只需要區分能量豐富和缺乏能量的食物來源，就可以適當地進食了，而其實不必在其中尋找愉悅感。

確實，一項關於蟋蟀的研究表明，牠們只靠味覺感受器和僅使用兩條神經就能夠區分食物來源的化學成分。如果我們能夠從生理學角度研究人類區分不同食物的能力，那麼就會知道我們物種的這種能力還有一個重要的感官層面。因此，必須牢記的是，動物體內生理機制的存在不會否定向其添加感官體驗的可能性。的確，如果昆蟲對外部刺激的反應僅僅是簡單的生理機制，那麼為什麼牠們的神經系統會得到獎勵？

當果蠅藉酒消愁時

二〇一二年發表在《科學》雜誌上的一項研究可以進一步探索昆蟲的愉悅感的假設。佳里・秀赫・歐菲（Galit Shohat-Ophir）和他的同事研究了生物學上的一個指標性研究物種：果蠅（*Drosophila melanogaster*），通常也被稱為食醋蠅。研究人員觀察了雄性個體成功與雌性個體交配，或被雌性個體拒絕後的飲食行為。實驗中，果蠅可以選擇兩種食物：普通食物或含少量酒精的食物。結果令人震驚。成功交配的雄性個體喜歡普通食物，而被異性拒絕的雄性個體則喜歡含酒精的食物。這些數據表示，性確實是昆蟲追求的一種愉悅感的來源。這也證明了性活動不是僅由雌性個體釋放費洛蒙然後吸引雄性個體這樣一個簡單機制就可以觸發的。

牠們還沉迷其中，因為牠們在那種感覺上得到滿足，就像牠們發現喝點酒很愉快一樣。如果昆蟲確實對性活動感到歡愉，那麼我們可以認為對動物界其餘的動物來說無疑也是這樣的。對該主題的研究回顧甚至可能可以寫成一整本書。讓我們簡單地指出，性高潮在不管是雄性或雌性的某些靈長類動物物種中都得到了特別的關注和研究，所以毫無疑問地，性高潮存在於許多物種中。

無關生育的性

同樣地，在動物界中，異性個體之間的性行為與生殖分離的現象也很普遍。在許多物種中，在雌性個體不育的週期中（繁殖期以外），比如在月經、孵卵期或妊娠期間，也常常觀察到雄性和雌性之間的交配。不是以生殖為目的的性行為其實常常發生，在某些物種中甚至可能占總性行為的很大一部分。例如，崖海鴉（*Uria aalge*）有一半的性行為發生在生殖情況之外。長鼻猴（*Nasalis larvatus*）和金獅面狨（*Leontopithecus rosalia*）性行為的高峰發生在妊娠期。同樣地，妊娠期或月經期的雌性恆河猴個體也具有性活動的能力。恆河猴雄性個體與妊娠期和排卵期雌性個體的交配頻率也很高。這些觀察結果支持上面提到的假設，即對動物來說，愉悅感比生殖優先。動物不會自動去擔心其伴侶是否能生育，牠們樂在其中，而有時則偶然受精。

當涉及動物同性個體之間的性行為時，我們從中學到什麼呢？它們提供了愉悅感，而生殖情況之外發生的異性個體之間的性行為也是如此。另外，由性提供的愉悅感不只限於交配。我們將在第三章中看到同性個體之間的性其實涉及多種行為：特別是愛撫、親吻及擁抱。保羅・瓦西反覆指出，靈長類動物同性個體之間的性行為似乎只與愉悅感有關。同樣重要的是，必須指明這些同性性行為不會阻礙牠們個體的繁殖。確實，許多有同性個體之間性行為的動物也從事異性個體之間的性行為並繁殖。

動物同性戀的原因是多種也多樣的，並根據我們研究的物種而不同。例如，科學證據足以證明，動物同性個體之間的性行為，可能參與了狒狒屬和鯨豚類動物個體之間結盟的建立和維持。我們還可以考慮其在某些昆蟲物種的精子競爭中的作用。但是，不可能找到這種多方面和複雜行為唯一的簡單解釋。然而，就像獎賞系統是允許身體正常運作並生存的基本結構一樣，愉悅感也可以被視為動物同性戀有可能發展出的其他功能的主要基礎。

適應不良（失調）

同性戀可能是一種生物學上的適應嗎？

當一個個體的生理、形態或行為特性降低其生存或繁殖能力時，他／牠將承受負向的天擇壓力：該特性也因此被消除並消失。在地球上所有種類的動物，昆蟲、蛛形綱、爬行動物、兩棲動物、鳥類和哺乳動物中，同性戀行為的普遍性本身就足以反駁它是適應不良的假設。的確，不管這種行為的原因是什麼，無論它是不是適應的副產品，事實都是它在演化過程中得到了保留。

同樣地，關於同性戀是一種由於動物被囚禁或人類被限制在只有單一性別的空間（例如寄宿學校或監獄）中而導致的病理學的論據也無法成立。研究表示這兩種背景促進了同性戀，但這並非是個病理原因，因為在這種情況下，我們應該僅在豢養動物和被監禁的人類中看得到這種行為。而這顯然不是現實，因為在許多野外物種中都觀察到同性戀行為。

生物的豐富性

布魯斯・貝哲米在他的《生物的豐富性——動物同性戀與自然的多樣性》一書中將生物豐富性的假設作為一種新概念來進行闡述。他探索了各種提出超越新達爾文主義思想的理論，以解釋地球上生命的多樣性。其中，後達爾文主義與以下論點相抵觸：「天擇是引導演化的唯一全能力量」這一主流觀念，例如香港遺傳學家何梅灣（Mae-Wan Ho）和英國演化學家彼得・桑德斯（Peter Saunders）等人提出了諸如生命「自我組織」和表觀遺傳學的觀念。後者研究環境如何在沒有經過新達爾文主義主張的必須經過基因隨機變異的狀況下改變個體的DNA，並允許基因訊息的傳遞。

後達爾文主義者敦促演化生物學家應通過整合其他學科的發現，例如混沌理論（數學研究的結果）來拓寬他們的理論視野。該理論提倡這樣一種觀念：自然現象，無論它們是什麼，都具有不可預測性。按照這種思路，看似無用、無效，甚至有破壞性的事件和過程，是讓整個系統功能正常組成的一部分。因為混亂是種常態。或者，正如貝哲米所說，「從本質上來說，偏離規範就是一種規範。」

因此，專門研究該理論的物理學家約瑟夫・福特（Joseph Ford）將演化視為具有反饋控制原理的混亂。例如，蜜蜂建造的蜂窩構造將說明這一假設。蜂窩的製造從原先毫無頭緒地開始，而正是由反覆簡單的動作所產生的經驗，促使了蜜蜂將蜂蠟塑形成為蜂窩。可以用相同的方法來分析營造了蟻丘的白蟻和螞蟻的集體智慧。沒有領導者或計畫，牠們卻建立了龐大而複雜的結構，並足以容納數十億個個體組成的社會。牠們是如何做到的？所有機制尚未被完全研究出來，但我們知道，每個共存的個體的行為會造成集體行為。普遍的假設之一是，當第一隻白蟻開始進行建造，就會讓其他工蟻聚集在一起。簡單的行為、測試、出錯和更正的相互作用，最終導致這種超結構的產生。因此，從有規則的混亂中便產生了一種有組織的結構。

布魯斯．貝哲米還研究了詹姆斯．洛夫洛克（James Lovelock）的蓋亞理論，他認為地球的運作就像是一個可以自我調節的生物。他在競爭的概念中加入了合作的概念，即合作是演化的主要力量。今天，演化生物學家喬安．拉夫加登（Joan Roughgarden）廣泛探索並推廣了這個想法，特別是在她的著作《無私的基因：解構達爾文理論背後的自私》

（*The Genial Gene: Deconstructing Darwinian Selfishness*，無中文譯本）和《演化的彩虹：自然界與人的多樣性、性別與性》（*Evolution's Rainbow : Diversity, Gender, and Sexuality in Nature and People*，無中文譯本）。

受到這些新進理論家的滋養，貝哲米的新概念最終建立在喬治・巴塔耶（Georges Bataille）的思想上。喬治・巴塔耶在《被詛咒的部分》（*La Part Maudite*）書中寫道：「地球上的生命史主要是野生物種豐富性的結果。」貝哲米的主張與經典的演化論相抵觸，後者認為所有類型的資源都是稀少的，而且每個個體、性別和物種都在為讓自己得到這些資源而競爭。相反地，生物豐富性的想法認為，豐富和過量是自然界的法則。這種能量的氾濫被認為是一種演化的力量，它被認為是比傳統上演化的樞紐（稀有性、競爭、型態和行為的用處）重要得多。巴塔耶特別解釋說，太陽的能量比地球上生命所需的能量還要豐富。同樣地，存在於個體內部的能量也會過量存在：一旦這個能量被用來確保個體的生長之後，就必須為其尋找出路，好比進食、性關係、創造／生產／建立和破壞。

對於這些作者來說，地球上生命的挑戰不是要應付稀少性，而是要應付過度性。許多現象都將落入本分析的範圍之內：生命形式的非常多樣性和物種的大規模滅絕、文明的成長與衰落、複雜與極簡主義、戰爭與和平、豐富的食物和飢荒等等。這些現象都是生物循環利用不斷氾濫和不可控制的能量的結果。貝哲米從這個角度研究了繁殖，並提出了一些活動能量消耗巨大，甚至造成浪費的論點。觀察一對山雀照顧牠們的雛鳥，就足以證明這些鳥為養育十幾隻雛鳥所消耗的巨大能量，其中卻只有很小一部分的雛鳥可以活到成年。同樣的，孵化後唯一的目的就是在死去前交配的蜉蝣目昆蟲，會生產成千上萬個個體，但是這其中許多還沒有繁殖之前也會死去。貝哲米強調，傳統思想認為地球生命的多樣性是演化的結果，而他卻提出了相反的看法：自然將提供無限的可能性，而演化將在這些無限可能中挑選。然後，同性戀就因此成為了這種思想模式的一部分，是生物豐富充沛造成的多種形式之一。

與我們在高中時所學到的相反，生殖不是生命的最終「目標」或必然的結果。這僅僅是更廣泛的能源「消耗」現象的結果，這種現象的主要推手是需要使用所有多餘的能量。在這個過程中，許多生物最終傳播了牠們的基因，但是也有其他生物的生命中幾乎沒有繁殖這件事。地球上存在的充沛根本無法只被「容納」在繁殖中：它膨脹、溢出……無論生命是被激烈卻短暫或持續炙熱燃燒的，無論是有繁衍的或者僅僅只是創造的，每一個都被大自然的慷慨餵養著。生命的方程式是同時由於巨大的生育力和不育的奢華所致。（《生物的豐富性——動物同性戀與自然的多樣性》，一九九九）

性別多樣性

布魯斯・貝哲米提出了廣泛的生物豐富性概念，其中包括一個相對狹義的理念，而這似乎對於理解動物同性戀至關重要。因為，與其試圖解釋同性戀現象這種與異性戀相同的正常自然現象，以生物學的觀點去尋求理解其代表什麼，其實是更合理且更重要的。因此，讓我們談談我所說的「性別多樣性」。

大約四十億年前，第一個單細胞細菌還不認識「性」的存在。因為當時性和性別根本不存在。為了繁殖，這些生物只需要複製，最初的細胞產生了另一個與其自身相同的細胞。由於這些細菌生活在菌落中，所以某些菌就此結合，「性」就出現了。最初，「交配」只是簡單的兩個細胞連接在一起，可以交換遺傳物質。這就算是最原始的交配。複製僅能產生與其雙親相同的克隆，但基因的混合卻產生了新的獨特的生物。性的奇蹟就存在於創造新的、多樣化的生物中。

這些具有特殊特性並彼此不同的新生兒，將或多或少地能夠面對不可預測的自然對牠們構成的挑戰。因為地球上的生活條件一直不斷地在發生變化。乾旱、洪水、疾病、掠食者……，生物必須面對變化無窮的自然。在所有彼此不同的生物中，有些將能夠生存，而另一些則無法。在這方面，碗豆蚜（*Acyrthosiphon pisum*）是個典型的例子。在這種昆蟲中，雌性個體能夠像第一個單細胞細菌一樣，在沒有雄性個體的情況下於春季自體繁殖。牠們並不會分裂，但會生出基因複製品——克隆。這種生殖的方式很有趣，因為它不費時間也不耗精力。雌性個體不需要尋找伴侶，也不需要交配。牠的後代可以立即繁殖並征服整個環境。然而，在季節的後期，雄性個體和雌性個體便會交配。

為什麼雌性個體不能就如此簡單而快速地只用複製來繁衍後代呢？因為，儘管需要精力，但「性」具有「影印副本」永遠不會擁有的優勢：我們在上文中談到了基因的新穎性。例如，某些蚜蟲個體的顏色天生比其他蚜蟲稍微綠一些，並根據牠們所在周邊植被的顏色不同，某些個體融入植被的偽裝會比其他個體更好。那些逃脫瓢蟲掠食的個體，就可以繁殖並將其基因傳給下一代。如果一個物種的所有個體都相同，那麼牠們更可能都具有相同的弱點，而一個單一的威脅就足以消滅牠們。這就是性的最終優勢：它為每個個體提供了不同的武器，使某些個體可以成功面對生活中的各種變化，從而確保物種的生存。一個物種內部以及物種之間存在的多樣性稱為生物多樣性，它使生命得以實現其最終目標：可持續性。

人們普遍認可的是，生態系統的健康和穩定，與物種多樣性和生物多樣性是直接相關的。我們已經看到，碗豆蚜使用兩種不同的方法來有效繁殖。性是多樣性之母，其本身具有極其多樣的形式。動物匹配的系統代表了動物群中個體根據其性行為而來配對的方式，它在每個物種之間變化很大，但在同一種物種內也是如此。

動物繁殖的策略有很多我們可以想像得到的組合。嚴格的一夫一妻制（一對一）很少見，但確實存在，比如草原田鼠。其次是社會上的一夫一妻制，而不是性方面的一夫一妻制：實際上是許多種類的鳥使用的方式，牠們成對生活並一起養育牠們的雛鳥，但與其他伴侶交配。季節性一夫一妻制包括只忠實於伴侶的一個季節，就像某些鳥類一樣。鹿和大猩猩是一夫多妻制，牠們生活在「後宮」中，一個雄性個體同時擁有與多個雌性個體交配的機會。而雉鴴科的水生鳥類是一妻多夫制的：雌性個體的領土和與牠交配的幾隻雄性個體的領土重疊。在狼、狐獴或裸鼴鼠中，只有社群首領的那對配對可以交配並繁殖。黑猩猩選擇濫交，每個個體都能與自己選擇的伴侶交配，而且有些伴侶之間的聯繫更強烈，但也並非具有排他性。毋庸置疑的是，異性或同性個體之間和有時一個個體與兩個性別都可能會交配和存在著關係！眾所周知的一種海鳥，蠣鴴，會形成由兩個雌性個體和一個雄性個體或兩個雄性個體和一個雌性個體組成的三鳥組，牠們全都生活在一起照顧牠們的後代。這個物種證明也提供了性行為驚人的多變性：同性伴侶，異性季節性一夫一妻制伴侶，異性非一夫一妻制伴侶，三鳥組伴侶……

在各種各樣的流蘇鷸中，史魯斯在十九世紀末研究了這種小型涉水鳥（請參閱第一章〈動物界的同性戀和早期基督徒〉，第五十三頁及以下），有些個體一生都是異性戀，而另一些個體有時是同性戀，有時是異性戀，有些可能同時是同性戀和異性戀。但是有一些個體則是一生中都會無性。

這種靈活的性促進了繁殖，因為它也允許了動物適應環境的變化。一九八九年在西班牙對大鴇（*Otis tarda*）進行的一項研究表明了這一點。胡安．卡蘭薩（Juan Carranza）和他的同事指出，這種鳥的配對系統使學者產生了極大的疑惑。有些人認為這隻大鴇是一夫多妻制，生活在由雄性個體和雌性個體組成的「後宮」中。其他人則觀察到在牠們組成的一些「求偶場」，雄性個體到這些求偶場中，在雌性個體面前跳求偶舞，雌性個體再從中選擇一個伴侶進行交配，然後獨自離開育雛。還有一些人斷定這種鳥是一夫一妻制。

為了理解為什麼觀察到這麼多不同的配對方式，學者決定觀察生態條件如何影響這些鳥類的行為。實際上，大鴇根據食物的數量和分散度，匹配系統從一個地方到另一個地方也不同，從一年到隔年也會有些改變。根據天候條件也是其改變的因素之一。在食物很充足的地方，雄性個體有能力捍衛自己的領土，牠很歡迎幾隻雌性個體來這裡覓食。因此，這些鳥生活在雌性個體較多的後宮。當食物資源更加分散時，雄性個體很難捍衛大片領土，此時最好是在求偶場相會，盡可能吸引雌性個體的注意。這些學者沒有觀察到一夫一妻制，但是匈牙利的其他研究人員報導了一夫一妻制，匈牙利的生態條件必定是有利於一夫一妻制的。最後，卡蘭薩指出，根據年份的不同，牠們使用的策略也有所變化，這表明了動物性行為的靈活性。

在這種行為的可塑性範圍內，同性戀代表了允許動物適應環境變化以繁殖的可能選擇之一。它構成了性別多樣性的一個面向。這個新術語可以說明本身存在於生物多樣性中的，匹配系統和性行為的多樣性和靈活性。該概念可以被看成是生物多樣性組成的一部分。

性別或性的多樣性是促進生殖並因此促進生命可持續性的一個功能。最近的一個例子說明了性行為的靈活性如何確保物種的繁殖。在二〇〇八年和二〇一四年，琳賽・楊（Lindsay Young）和她的同事發表了兩篇有關成對雌性黑背信天翁的繁殖的科學文章。這種鳥是生活在夏威夷群島（占百分之九十九點七的個體）的近乎特有物種，並在不同的島嶼上形成了一些種群。這些令人印象深刻的海鳥是具有出色忠貞度的一夫一妻制。夫妻倆終生相連，一年又一年地在同一個繁殖區相會。牠們每年只孵化一個卵，如果築巢失敗，牠們就無法再產其他卵。這些信天翁種群具有兩個特殊特性。

一方面，楊在歐胡島上研究的種群中，雌性個體比雄性個體多。另一方面，這個種群包括三分之一由雌性個體組成的同性伴侶組。因此，某些雌性個體可以與雄性個體交配，但不能與牠們一起築巢，因為這些雄性個體已被「占有」了。但是，這些雌性個體不可能獨自照顧一顆蛋，因為這意味著要長時間放棄那顆蛋才能去覓食。這些孤立的雌性可以放棄育幼，或與其他雌性個體一起築巢育幼。因此，許多孤立的雌性個體便組成了同性伴侶組。這些鳥類的繁殖成功率不及異性伴侶，但顯然要比根本不繁殖好。

因此，這些雌性個體表現出行為上的靈活性，使其能夠適應環境條件。在二〇〇八年文章的結尾，楊強調了這種能力對於像黑背信天翁這樣的瀕危物種之生存的重要性。作者指出，在其他信天翁物種中已觀察到由於自然或人為原因引起的雄性／雌性數量比例的變化。例如，兩個性別沒有分布在同一地理區域，漁業拖網勾到受害的信天翁似乎主要是雌性個體。此外，海平面上升威脅了夏威夷群島和其他熱帶環礁上超過百分之六十五的海鳥築巢點。楊相信，這些原因將導致個體尋找新的築巢地點的行動更加頻繁。因此，信天翁的種群很可能會面臨更嚴重的雌雄個體數量比例失衡，因此牠們必須得適應這種比例的失衡。信天翁的性別多樣性可能可以使牠們在應對這種挑戰時表現得更好，從而促進了物種的生存。

當遺傳學介入

二〇一五年，潔西卡．霍斯金斯（Jessica Hoskins）和她的同事發表了一項關於果蠅（*Drosophilia melanogaster*）的研究，在該研究中，他們檢驗了關於自然界存在同性戀行為的兩種遺傳假設：超顯性和拮抗性。讓我們來回顧一個重要的遺傳原理。每個基因都有兩個等位基因，它們是該基因代表決定生物不同表現型的基因型：例如，控制眼睛顏色是藍色和棕色的基因。如果兩個等位基因相同，稱為同型合子，則表示由該等位基因產生的特徵（因此藍眼睛＋藍眼睛＝藍眼睛）。如果它們不同，則一個為顯性，另一個為隱性，稱為異型合子，顯性等位基因就會被表現。

在超顯性假設中，如果某等位基因以同型合子狀況下會增加同性戀行為表現的趨勢，且其個體天擇的優勢大於異型合子狀況的個體，則可以在種群中維持同性戀行為。這意味著，如果基因的異型合子狀態促進攜帶該基因的個體的繁殖，則同型合子形式將不會被消除。另一方面，性的拮抗性此假設是指，只要對另一種性別有利，就可以保留對兩種性別之一有害的一種基因。

在他們的研究中，霍斯金斯和他的團隊首先檢查了雄性個體的基因組，這些雄性個體的基因組表達了許多針對其他雄性個體的表現行為（舔、鳴唱和上攻）。他們尋找遺傳差異，以區別於很少或沒有表現出這種行為的雄性個體。因此，他們確定了果蠅的兩個遺傳系，分別顯示出高和低程度（在此指頻率）的同性戀行為。研究人員讓每個品系的個體彼此繁殖，觀察果蠅的祖傳基因的遺傳如何影響雌性個體的生殖成功。他們的結果非常清楚：高程度同性戀行為的雄性個體繁殖出更多更會繁殖的雌性個體。因此，與同性戀有關的基因將繼續存在於種群中，因為它們有利於雌性個體的生殖成功，即使它們減少了雄性個體的生殖成功。這些結果表明，同性戀具有可遺傳的性質。

這樣看來，在這裡提出的兩種假設中，數據似乎證實了超顯性假設，而沒有完全牴觸性的拮抗性這一觀點。學者甚至認為，這兩種假設可能都有助於同性戀在種群中的維持。他們還指出，他們的研究結果提供了有關遺傳演化機制的資訊，這些機制讓雄性果蠅保持得以持續存在但是程度較低的同性戀個體。這些最新數據與性別多樣性的概念兼容。它們顯示了維持「性」的一種可變性如何促進繁殖、物種的生存，並從而更廣泛地促進了地球生命的可持續性。

多方面的現象

本章中提出的許多假設的研究表明，動物同性戀沒有一種簡單的解釋。像任何生物現象一樣，其起源受到多種因素的影響，這些因素無法輕易地切入。對於某些物種或群體看起來正確的事情，可能在其他物種或群體中被排除。圍繞於這種現象的困難不應令我們感到驚訝，因為它僅反映了動物行為的複雜性和豐富性。同性戀是多方面的，以各種方式支持個體和物種。在鰓角金龜、蜥蜴、鶉或大猩猩等不同的物種中，它的存在、頻率和在演化過程中的持久性，讓我們能將其視為動物性行為的正常表現。總之，應該從兩個主要不互相矛盾的角度看待動物同性戀。一方面，像異性戀一樣，它代表了與生殖不相關的愉悅之源。另一方面，它是組成性別多樣性的一部分，它促進生殖，從而促進地球上生命的永存。

註一：生物學家喬安・拉夫加登尤其提出了質疑，她提出了「慷慨基因」的概念，並研究了合作在演化過程中的重要性。

註二：請參閱第一章〈二十一世紀仍受刻板觀念的困擾〉，第一一一頁，對這些作者所使用的詞彙的批評。

第三章

求偶、愛撫、擁抱、交配

在動物世界中，引誘伴侶的藝術有最多樣化的形式，有時看起來甚至是過度荒唐的（註一）。舞蹈、歌曲、送禮物、真實或象徵性的打鬥、某些結構的建造、遊戲和其他追逐行為，種種皆是可以使雄性和雌性個體在交配前更親密的求偶表現。這些求偶表現也存在於同性動物個體之間，無論牠們採取與異性戀展示相同的形式，還是僅有其中的某些步驟。但是在少數情況下，某些求偶表現也可能是同性動物個體之間典型的吸引方式，並且僅在同性戀狀況下才能觀察到。

鴕鳥舞

在鴕鳥中，雌性是一妻多夫的，就像其他平胸類（Ratite，具有平坦無突起的胸骨，不具飛行能力）的鳥類一樣，其中也包括鴯鶓科（Dromaiidae）和鶆鷞類（rheas）。鴕鳥雌性個體與雄性個體交配，生蛋，然後離開去尋找新的伴侶。牠讓鴕鳥父親孵蛋並獨自撫養雛鳥。在成年雄性鴕鳥個體中已經有觀察到同性戀例子，牠們之間的求偶行為非常特殊。它分為三個階段。第一階段叫「接近」，令人印象深刻。牠會以時速高達五十公里的速度奔向伴侶。跑的那方會在非常接近牠要吸引的雄性個體、只差一點就要撞到的時候突然停下來。這吸引對方的方式多麼與眾不同啊！之後，牠會立即開始下一階段，即由多個迴旋組成的舞蹈。求偶者迅速旋轉個幾分鐘，最後在地面上躺平，並繼續拍打翅膀，使其尾巴羽毛腫脹，並向各個方向擺動脖子。被追求的雄性個體就看著這荒唐的手舞足蹈求偶表現。

當雄性個體向雌性個體求愛時，會省略前兩個階段，即狂熱的奔跑、停止和旋轉。第三階段是相同的，但時間較短。最重要的分別是，若被追求者是雌性個體的話，雄性個體會鳴唱；但對象若是雄性個體的話，則不會。同樣的，如果對象是雄性個體的話，在送食物和展示牠築的巢這兩種表現上也會被省略，這是牠們通常遵循的步驟，用以向雌性個體展示牠們即將當父親的能力。在同性伴侶求偶的背景下，這些求偶表現時間從十分鐘到二十分鐘不等，而異性伴侶求偶的表現則只有三分鐘。但是，在這些表現之後卻沒有交配行為，而只是嘗試吸引。

鸚哥的愛

繼續談論鳥類的世界，讓我們探訪鸚哥和鸚鵡，牠們都是在休息或移動的時候花很長時間相處而緊密生活。這種狀況適用於異性戀和同性戀伴侶。

橙額鸚哥（*Eupsittula canicularis*）也不例外。在從墨西哥到哥斯大黎加的美洲太平洋沿岸發現的這些鸚哥中，雄性或雌性中的同性伴侶有時會花一個小時用喙尖的頂部互相撫摸彼此的羽毛。雄性個體在與伴侶交配前會把一隻腳放在伴侶的側面或翅膀上表現求偶。有些個體會反芻食物，將其提供給牠的伴侶，然後牠們會以喙互相把對方抓住，來回移動。兩個同性伴侶的任一個個體都可以向伴侶提供食物，而在異性戀伴侶中只有雄性個體會這樣表現出來。牠們還藉由膨脹臉頰的羽毛或露出眼睛的虹膜來使用許多發聲方法。這些經常重複出現的姿勢會加強伴侶之間的聯繫。一些雌性個體也會一起築巢，在樹棲白蟻丘中挖巢。其中一個個體會挖一個入口隧道，通常這個活動是雄性個體在做的。另一個雌性個體負責挖掘將要迎接並孵蛋的房間，這通常是異性伴侶中雌性個體的責任。

來幾場捉迷藏

在靈長類動物中，某些求偶表現是只在同性戀伴侶中有觀察到的。許多獼猴種的雌性個體之間，有種行為被生物學家稱為「聯合體」（consortships），這種臨時性的連結可以持續幾分鐘，也可以長達幾週，在雄性和雌性個體之間也存在。這種伴侶保持緊密的親密關係，並相互抵禦來自該組織其他成員的攻擊。這些同性戀連結經常發生在繁殖季節，一旦解散，個體之間也會繼續保持「友好」的關係。為了吸引另一隻雌性個體，雌性恆河獼猴個體進行野生的捉迷藏遊戲，而這種遊戲從來沒有在雌性與雄性個體之間被觀察到。其中一個個體躲在一棵樹後面，然後迅速出現，再迅速躲起來。牠的伴侶追逐牠，這樣互相追逐的遊戲可以玩上好一段時間。其中一方在逃跑之前先在另一方的嘴上快速吻一下，促使後者追趕牠。其中一方也可以秀自己的屁股，引誘伴侶上牠；當另一方接近時，牠又迅速消失，用這種方式和牠開玩笑。在相互勾引一番之後，這些雌性個體就會交配。牠們可以使用與雄性個體交配相同的姿勢，「上（攻）」的那方，把牠的腳放在伴侶的腿上，然後互相磨蹭生殖器，甚至用手指刺激陰蒂。「上（攻）」的那方愛撫自己或唆使牠的伴侶這樣做。牠們也會選擇另一個只有在雌性之間才能觀察到的姿勢，即其中一方騎在伴侶的背上磨蹭其生殖器。互相擁抱也很常見，在這種情況下，牠們互相擁抱並靠著地面彼此磨蹭。雌性個體之間也用嘴唇和舌頭互吻、互相撫摸臉，並互相梳洗。

獼猴的性高潮

同性性行為使從事它的伴侶感到愉悅，可以從短尾猴的行為中觀察到確鑿的證據。該靈長類動物居住在中國和東南亞的部分地區。牠們以二十至五十個個體為一組。很少有在野外對牠們進行的研究，所以動物行為學家們假定牠們的配對系統是一夫多妻制或濫交，並涉及多次交配，而雄性個體很少會育幼。這裡報導的同性戀行為觀察是在半豢養或豢養的情況下觀察到的。一些雌性個體會與一個或多個特權伴侶保持同性戀關係。這些特殊的友誼既有性愛，也有關愛。這些個體會強烈刺激對方的生殖器，直到達到性高潮。其中一方騎在另一方的背部，並在牠的臀部上摩擦自己的生殖器。這種行為就像異性戀之間的交配一樣，持續大約兩分鐘，然後發生性高潮。雌性個體「上（攻）」的那方會伸展，停下來一會兒，然後身體幾次抽緊震動。牠的毛會豎起來，加上臉部經典的表情：閉著眼睛，皺著眉頭，嘴巴呈現「O」的形狀。這與我們觀察到雄性個體在射精時的臉部表情相同。呼吸比平時更快，聲音也更大一些。另一方的雌性個體似乎沒有達到性高潮，但仍積極參與此交配。在第一方的性高潮期間，牠經常抓住「上（攻）」的那方，並在牠的嘴唇上親吻。然後，兩個伴侶抱緊在一起，發出一些小小的叫聲或是牙齒格格作響。

日本獼猴的激烈玩耍

日本獼猴可能是保羅．瓦西和他的同事們在二十多年對同性戀行為的研究中，所提出最完整描述和研究的物種了。雌性個體之間維持「聯合體」，並且表現出與上述恆河獼猴和短尾猴類似的許多行為。通常，一起交配的雌性個體會強烈地凝視對方的眼睛，並藉助各種發聲：牠們發出吱吱聲、叫聲、吹哨聲，以及各種咕咕聲。這些聲音也在與異性交配的過程中產生，但是接近伴侶的方法不同。當雌性個體試圖吸引雄性個體時，會逐漸接近牠，坐下，並邀請牠交配。在雌性個體之間，想要被上的那方以不同的方式讓另一方知道。牠可以敲打地面並大叫，或者跑開，然後秀出牠的屁股，再回到伴侶身邊。牠還會明顯的搖動牠的頭，盯住對方，同時發聲，使牠的嘴唇顫抖不已，甚至毫不客氣地推開對方，讓對方知道自己有想要交配的意思。

並非在所有的日本獼猴種群中都能觀察到同性戀，但是在有觀察到的種群中，這種行為非常普遍。雌性個體甚至和雄性個體競爭與其他雌性個體接觸的機會，這有時會導致非常激烈的打鬥。作者們還觀察到一個非常罕見的例子，即有一個雌性個體一生中始終是同性戀。實際上，這些獼猴與大多數表現出同性戀行為的動物一樣，實際上是雙性戀的，在與同性和異性個體的關係之間交替。在該物種中，雄性個體之間也觀察到同性戀行為，但這些行為並不構成和雌性個體之間一樣的「聯合體」。

海牛之吻

就同性戀而言，海洋哺乳動物並不算少數。牠們所生活的海水環境經常給試圖記錄這些動物行為的人類帶來很多困擾。儘管如此，學者已經收集了許多有關海豚、鯨魚、海豹、海象、海獺或海牛的同性戀行為的數據。當海牛平靜地以熱帶海底的植物為食時，牠們表現出懶惰的步伐，但這並不能代表牠們不能以高速移動。海牛是海牛目（俗稱美人魚）的一部分，海牛目有四個物種，其中一種叫做儒艮。海牛目這個目的名字，源於他們長期以來一直被水手們與著名的美人魚搞混。

當海牛雌性個體發情時，經常受到一群雄性個體的追逐和騷擾，這些雄性個體會用鼻子撫摸牠，並試圖穿到牠的身體下方去觸摸她的生殖器。牠會花很長的時間試圖擺脫這些追求者，有時在牠們的襲擊太急時，甚至將牠們猛烈地推回去。當牠最終同意與其中一位交配時，雄性海牛個體便會開始將自己置於牠身體之下。然後，伴侶倆一起潛到水底，面對面地交配。

相比之下，雄性海牛個體的同性戀行為有很大不同。牠們是在野外被觀察到的，並於一九七九年由丹尼爾・哈特曼（Daniel Hartman）首次詳細記錄，他的博士論文致力於這些動物的研究。他寫道，海牛經常從事同性性行為和自慰。在大多數的雄性海牛個體中，有兩隻雄性個體會先在水面相遇，並伸出鼻子來親吻對方。然後牠們頭對著尾一起到水底，互相親吻。牠們用前肢互相抱住對方，生殖器交合生殖孔。然後，牠們互相摩擦對方的陰莖。作者強調，這些擁抱與雄性和雌性個體交配時發生的一點都不相似，後者彼此面對面，兩個雄性個體卻是頭對尾或者是側面相交。在伴侶分開並回到水面之前，這些交合持續約兩分鐘。作者指出，同性戀行為具有傳染性，可以持續數小時。這些雄性個體會組成群體，親吻並分開，新的個體會加入組裡面，再離開。從事這些行為的海牛使用許多不同的姿勢，這與異性之間只有一種姿勢的交合不同。哈特曼指出，並非所有雄性個體都會接受同性伴侶的追求，有些個體會利用強烈的嘎吱叫聲來逃避對方的追求。

鯨豚類同性之間的「慾經」

讓我們繼續待在水下，探索鯨魚和海豚的各種愛撫和交配吧！鯨豚類動物參與許多同性戀互動，這些動物的特殊形態使其在此主題上具有一定的創意性。牠們特別探索自然賦予牠們的所有孔洞。無論性別，這些動物都有生殖孔。在雌性中，它是陰道的入口，而在雄性中，它是使陰莖縮回體內，以獲得更好的流體動力的縫隙。鯨豚類的另外兩個孔是肛門和排氣孔。

在牠們的嬉戲動作中，雄性的亞馬遜淡水豚（*Inia geoffrensis*）會像對雌性那樣進入同性伴侶的生殖器縫隙。牠們還會將陰莖插入另一個雄性個體的肛門或排氣孔中。在兩個個體的生殖縫或肛門孔交配時，兩個個體就像在與異性交配時一樣彼此面對面。但是，排氣孔的進入意味著兩個雄性個體中的一個要到第二個的上方。通常，年長的海豚會進入年紀較輕的海豚。牠們也會互相摩擦陰莖，或者其中一方的頭部撫摸磨蹭另一方的生殖部位。這些雄性之間的身體接觸不僅是有關「性」的，而且也有關愛的性質：在游泳移動時，鰭和吻突的撫摸、輕蹭，以及身體持續的接觸。亞馬遜淡水豚的這些行為只有在豢養環境中被觀察到，但是這些行為的多變和在其他野生鯨豚類物種也觀察得到這些行為，讓我們可以猜測它們也可能在野生環境中發生。

寬吻海豚（*Tursiops truncatus*）和長吻飛旋海豚（*Stenella longirostris*）表現出相同類型的性行為。在這些物種中，兩性都與同性個體進行愛撫和性遊戲。雌性長吻飛旋海豚利用將背鰭插入伴侶的生殖孔中與其進行交配。口交形式也存在，其中兩個伴侶之一將吻的尖端插入伴侶的生殖孔中。兩隻海豚可以以這個姿勢游泳一段時間。雄性寬吻海豚個體會形成終身伴侶（請參閱第四章〈海豚同性戀〉，第二三九頁），並藉由頻繁的愛撫和交配來保持牠們的聯繫。伴侶之一去世後，牠的「鰥夫」會尋求新的伴侶。但是牠將很難找到新的伴侶，因為現有的伴侶是不會「離婚」的。但是，如果牠遇到另一個像他這樣的「鰥夫」，牠們便可以聯合起來，並嘗試組成新的同盟。

同性戀在鯨魚中也很常見。東太平洋灰鯨（*Eschrichtius robustus*）的雄性個體有時會在遷徙過程中或在夏季聚集，相互摩擦，使牠們的身體在水面上滾動，從而觀察到這些行為相當容易。這些雄性個體將牠們明亮的粉紅色，長一至一點五公尺、周長三十公分的陰莖交織在一起。

這些愛情遊戲可以持續長達一個多小時。弓頭鯨（*Balaena mysticetus*）的雄性個體也以類似的同性戀關係聚集在海洋表面。

孤雌的蜥蜴

求偶、愛撫和交配的動作是否有可能對生殖起作用呢？甚至在同性戀行為的情況下也是如此嗎？眾所周知，在脊椎動物中，雄性個體的存在會促進雌性個體的排卵，甚至對其觸發也必不可少。因為異性的存在和行為都會影響雌性個體的性激素。事實證明，尤其是在灰斑鳩（*Streptopelia decaocto*）中，雄性個體的求偶行為促進了雌性伴侶的卵巢發育和繁殖效率。因此，簡單的求偶表現，事實上會影響生育的品質。同性伴侶的求偶和性行為也能扮演類似的角色嗎？

沙漠草原健肢蜥（desert grassland whiptail lizard，學名：*Aspidoscelis uniparens*）的研究，提供了一個明確而令人驚訝的答案。

牠是一種有多個特殊研究頭銜的蜥蜴，這種爬行動物在美國南部、新墨西哥州和亞利桑那州的沙漠，以及墨西哥北部被發現。牠是由兩種不同的蜥蜴雜交而生的：小條紋健肢蜥（little striped whiptail lizard，學名：*Aspidoscelis inornatus*）和峽谷斑點健肢蜥（canyon spotted whiptail lizard，學名：*Aspidoscelis burti*）。

該物種的獨特之處在於牠僅由雌性個體組成。我們說這個物種是單性的，而一個包含兩性的物種則是雙性的（bisexual）（註二）。這些動物經由孤雌生殖繁殖，也就是透過克隆繁殖。但是，不同於第二章中提到的豌豆蚜示例（請參閱第二章〈性別多樣性〉，第一八八頁），這些蜥蜴不會產生與母親完全相同的克隆。確實，蜥蜴的染色體重組發生在減數分裂期間，這允許出現輕微的遺傳差異。就其本身而言，這項發現已經令人難以置信。但是沙漠草原健肢蜥的某些行為又更驚人。

一九八七年，爬蟲學家大衛・克魯斯（David Crews）希望研究這種單一性蜥蜴的荷爾蒙週期，以將其與包含雙性的相似物種的荷爾蒙週期進行比較。為此，他捉了幾隻被他關在實驗室的沙漠草原健肢蜥個體。有一天，他隨便看了一眼牠們的籠子，竟嘆為觀止：一個雌性個體正在向另一雌性個體求偶！生物學家對此非常感興趣，於是更仔細地觀察了這些行為，發現牠們的求偶表現時間長而複雜，類似於相似物種的雄性和雌性個體之間觀察到的求偶表現。另外，兩個雌性個體似乎也會交配或至少模擬交配。於是他提出了一個問題：一個不需要性繁殖的物種為什麼會表現出這種複雜的性行為？第一個問題就帶出了其他的問題。也許是從那個仍然有雄性個體的時代留下來的表現？但是，為什麼天擇要維持一種需要那麼多能量的行為？克魯斯推斷這些求偶行為和交配必定具有某些生物學上的用途，於是就著手調查了這個問題。

爬行動物的求偶表現

因此，他比較了單一性的沙漠草原健肢蜥的同性戀行為和雙性小條紋健肢蜥的異性戀行為。這兩個物種非常相似，因為第二個物種是使第一個物種種系發生的兩個物種之一。學者的目標是雙重的。一方面，如果物種之間存在行為差異，他想識別它們，以試圖了解它們是如何從雙性物種到單一性物種的過程中出現的。另一方面，他想找出與單純受精相比，求偶表現和交配是否還具有其他功能。如果求偶表現和交配對雙性小條紋健肢蜥還具有其他功能的話，那意味著求偶表現和交配對孤雌生殖的雌性也可以發揮其他作用。

克魯斯發現，這兩個物種的求偶表現和交配都遵循相同的模式。雄性個體接近雌性個體，然後舔牠的身體。如果雌性個體接受牠的追求，會用嘴抓住對方的脖子或前肢的皮膚，然後爬到牠的背上。接著，用前肢和後肢磨蹭後者的側面，並向牠的背部按壓，使其向下壓平。最後，牠將尾巴纏繞在伴侶身上，使牠們兩個的泄殖腔相接觸。然後，蜥蜴的兩個類似陰莖的器官，半陰莖（hemipenis）（註三）之一進入雌性個體的泄殖腔。在交配過程中，雄性個體會放開伴侶的脖子，以抓住牠骨盆附近的部分，身體環繞著伴侶的身體。交配時間最長大約十分鐘。射精後，雄雌個體才會分開。

在沙漠草原健肢蜥中，兩個雌性之一承擔此處所述的「雄性角色」，而且牠們的行為與小條紋健肢蜥異性伴侶相同，唯一的區別是沒有半陰莖的進入。克魯斯想知道這種行為對生殖有什麼影響。如果簡單的求偶行為就可以刺激小條紋健肢蜥雌性個體的卵巢發育，那麼其在單性的沙漠草原健肢蜥中可能也是相同的原理。因此，克魯斯將實驗委託給了他的一個學生。這位學生比較了小條紋健肢蜥生活在三種不同環境中的雌性個體的排卵率：單獨一個雌性個體、與其他雌性個體，以及與雄性個體。那些單獨一個個體豢養情況下的雌性個體都沒有排卵。只有少數與其他雌性個體交配的雌性個體有產卵，而且卵數量很少。最後，那些與雄性個體豢養在一起的雌性個體比其他個體更快產卵，產卵數量也是最多的。這些結果表明，求偶表現行為確實對沙漠草原健肢蜥的祖先種類有生理影響。因此，我們可以假設其對沙漠草原健肢蜥也具有相同的影響力。為了證實這一點，有必要繼續進行研究。

有生殖能力的同性戀

另一名克魯斯的學生開始做接下來的實驗。她養了沙漠草原健肢蜥雌性個體，單獨豢養或與其他雌性個體一起，並計算牠們產下的蛋數。前者在繁殖季節只生產了八顆蛋，而後者比前者多產了三顆。因此，這些生物學家以此證明，無論是對於雙性還是單性物種，求偶的行為都是生殖成功的重要組成因素。但是克魯斯並沒有就此止步。他想找出哪些激素負責沙漠草原健肢蜥的同性戀行為，更廣泛地說，大腦在該物種的性行為中產生什麼作用。他做了許多實驗，好奇的讀者可以在《科學人》雜誌發表的出色文章中找到完整的實驗，這些文章以〈單性蜥蜴的求偶行為：大腦演化的模型〉為題。

作者假設擔任「雄性角色」的雌性個體，大腦可能受到雄性性激素睪固酮的作用。但是這些雌性個體血液中的這種激素濃度仍然很低，有時甚至在卵巢週期的任何階段都無法檢測到。因此，這些雌性的激素分布在演化過程中沒有改變。換句話說，不需要有雄性個體的生理才能學會被稱為雄性或通常在雄性個體中觀察到的行為。在一項實驗中，克魯斯和他的學生對小條紋健肢蜥雄性個體進行了手術，去除睪丸，從而有效地抑制了睪丸產生的睪固酮的作用。然後把黃體酮（卵巢產生的雌性性激素）加到這些雄性個體上。學者驚訝地發現，這些蜥蜴後來的行為像普通的雄性個體，向雌性個體求偶並與之交配。這個結果與鳥類和哺乳類動物所獲得的結果相反，在鳥類和哺乳動物中，被加上黃體酮的雄性個體的性活動急劇低落。這證實了這種激素必定在與同性伴侶求偶並交配的雌性個體中發揮觸發作用。在演化過程中，導致所謂雄性行為的大腦神經迴路得以保留，而為維持雄性行為的雄性性激素睪固酮，卻被雌性性激素黃體酮替代了。

克魯斯還有另一個重要發現：沙漠草原健肢蜥的行為會隨著牠的卵巢週期改變。當處於卵泡期時，在排卵前，牠們具有所謂的雌性行為，也就是說，牠們允許自己被伴侶求偶和交配。這是異性個體之間交配中雌性個體最容易受精的階段。當雌性進入排卵後的黃體期時，牠們會轉為所謂的雄性行為，並開始向同伴求偶。這些行為變化隨著不同激素濃度發生變化：卵泡期動情激素濃度高而黃體酮激素濃度低，而移到黃體期則相反。克魯斯和他的團隊能夠確認每種激素的水平與蜥蜴的性行為密切相關。他們還證明了相同的神經迴路在雙性和單性物種的性行為中起作用。在進一步的研究中，克魯斯表明，黃體酮透過促進相同的神經迴路和發揮相同的作用代替了睪固酮。在對蜥蜴和哺乳類動物進行廣泛研究之後，他甚至在二〇〇五年的文章中得出結論，黃體酮和動情激素與「雌性」激素一樣，也是「雄性」激素。這是他一九八七年在美國《科學人》科普雜誌上的一篇文章中所寫的內容：

我們已經證明了如何維持對卵巢發育和生殖成功至關重要的行為，當它們最初出現的條件產生變化時。就*C. uniparens*（註四）而言，雄性的喪失同時也導致通常控制著雄性交配行為的雄性激素的喪失。然而，雄性行為的維持在單性蜥蜴仍是可能的，由於其祖先*C. inornatus*（註五）的大腦特殊的特性〔存在兩個管理典型雌性和雄性行為的神經迴路，以及雄激素受體（註六）對黃體酮的敏感度〕，在沒有雄性的情況下被賦予了一項新功能。

必要的行為多樣性

這些學者為第二章我所提出的性別多樣性概念提供了生理基礎。確實，它們表明了神經元和激素的柔韌性如何誘發性行為的靈活性。正是這些多重靈活性允許了性行為多樣性的存在。這些概念對於理解動物同性戀是非常重要的，但對於完善演化論和自然保護政策也具有重要意義。的確，生物學家對行為多樣性的概念（包括性別多樣性概念）的了解還很少。然而，行為多樣性卻是生命中不可或缺的一部分。當我們談論維持生物多樣性的重要性時，通常會在物種和基因多樣性方面進行思考，這顯然很關鍵。但這還不足以保證生態系統的健康。行為多樣性對於物種的生存是至關重要的：無論是要確保找到食物來源的能力、抵禦天敵，還是有效繁殖。不幸的是，保持行為多樣性是生物多樣性研究和瀕危物種保護計畫中經常被忽視的一個層面。

但是，保持行為的這種可變性以及性別多樣性，是我們星球上生命可持續性的考慮因素，我們希望在此已經明確地表達。

註一：對於按物種進行的有關該主題的所有數據回顧，我請讀者參考貝哲米出色的著作。

註二：（譯者註）作者在此強調，因為此詞與雙性戀是同一個詞彙。

註三：蜥蜴、蛇和兩棲動物擁有雙陰莖。其中每個被稱為半陰莖（hemipenis）。

註四：一九八七年，沙漠草原健肢蜥的學名 *Aspidoscelis uniparens* 被命名為 *Cnemidophorus uniparens*，隨著其分類學從當時至今不斷發展。

註五：如前所述，在撰寫本文時，小條紋健肢蜥的學名*Aspidoscelis inornatus*被命名為 *Cnemidophorus inornatus*。

註六：雄激素受體通常被睪固酮激活。

第四章

伴侶生活和同性伴侶共同育幼

與異性伴侶一樣，和同性伴侶生活在一起的方式有千百種。穩定的伴侶定期的向另一方求偶和交配，而沒有性行為的一些伴侶只是一起育幼。一些伴侶之間存在的關係很短暫，或是只維持一個繁殖季節。最後，三個個體或四個個體組成一組，也是一種可以分擔繁重的後代繁育工作的解決方案。

海豚同性戀

二○○六年，海豚專家珍妮特・曼恩（Janet Mann）發表了關於寬吻海豚（*Tursiops truncatus*）的同性戀行為研究。雖然大眾對此物種給予了極大的關注，珍妮特・曼恩卻是第一個在野外進行了如此長時間研究工作的學者。她和團隊從一九八八年開始監測生活在印度洋中海豚的行為。這項研究的結果令人震驚。首先，研究人員發現該物種可謂性慾亢進。從數量上來看，寬吻海豚甚至遠遠超過了另一個以無拘無束的性生活而聞名的物種：倭黑猩猩。雄性海豚的同性戀行為比雌性倭黑猩猩的同性戀行為多四十倍，而且是在雌性倭黑猩猩同性戀行為已經非常頻繁的情況下做比較。雌性海豚的性活動能力是雌性倭黑猩猩的兩倍。此外，與其他哺乳類動物的不同之處在於，牠們是少數幾個觀察到的同性戀行為跟異性戀行為一樣多的物種，因為通常在一個選定的研究物種，觀察到的異性接觸會比同性接觸更多。

在所有年齡層寬吻海豚組中都有觀察到同性或異性個體之間的性關係，其中，雄性成年海豚和未成年海豚最經常參與，只是，這種行為對牠們而言似乎與對成年海豚的意涵不同。同性性行為經常在遊戲環境中被觀察到，並且可能具有社交功能。公認的是，玩耍會塑造個體成年後的行為，並且是幼小哺乳類動物發育重要的因素之一。

在其他假設中，曼恩假設年輕海豚有關性的社交遊戲，之後會在一些個體之間形成對牠們很有用的特別的連結。她的研究結果傾向於證實這一想法。海豚雄性個體形成同性伴侶，也形成了長期的同盟關係。這些海豚活在所謂的「裂變及融合」社會中。這個動物行為學術語描述了不穩定的個體群，它們隨著時間的流逝並根據其活動而形成又分解。較大組（稱為父組）的所有成員都可以在同一位置睡覺（融合）；而白天則組成幾個小組去覓食（裂變）。隨著時間的流逝，一些個體也可以離開原有的群組去加入另一組，該組中的組成和數目就會因此波動。

在寬吻海豚中，隨時間的流逝而唯一一直保持穩定的關係是成對的雄性同性伴侶。根據曼恩的說法，這些個體之間從牠們的幼年開始就建立了牢固的信任關係，並在十六歲左右穩定下來。成年後，這些盟友會合作尋找、俘獲和留住一個可育的雌性個體，以便與牠交配。牠們還將其他雄性個體拒之門外，試圖將「牠們的」雌性個體帶離其他的雄性個體。因此，即使這個假設尚未得到證明，這些聯盟可能可以使牠們更成功地繁殖。這些雄性個體之間的同性戀行為也可能構成必要的訓練，以便與雌性個體有效交配，因為雌性個體很容易從求偶者中逃脫。雖然這點也還沒有被證明。曼恩研究的主要重點在於，發現了同性戀行為是支配寬吻海豚雄性個體之間社交生活很重要的因素之一。

天鵝爸爸們

一對黑天鵝（*Cygnus atratus*），滑行過澳洲一汪湖泊的水面。兩隻鳥面對面並開始了一種問候表現。牠們將脖子和喙伸向天空，並打開羽毛和翅膀。求偶就這樣開始了。接著是被鳥類學家稱為「浸頭」的儀式，即如字面上的意思「把頭浸入水中」。兩個伴侶將喙浸入水中，然後浸入脖子，最後甚至整個身體。這種行為是交配的前序。最後，其中一隻黑天鵝爬上了第二隻。牠們互相磨蹭了對方的泄殖腔一段時間。不知情的觀察者會直接推論出這是一個雄性個體與一個雌性個體正在交配。仔細觀察之後，會發現牠們實際上是兩個雄性個體。這些鳥會形成穩定的配對，有時甚至可持續多年。

在繁殖季節，每對黑天鵝都會保衛一塊領土。由於兩個雄性個體在一起比一對異性伴侶一起更強壯（雌性個體的體型都比較小），因此牠們通常會占用更大的空間。然後，該塊領土的品質和規模將對黑天鵝的繁殖產生影響，因為獲得多種多樣的食物資源將使牠們養育出更多且更健康的雛鳥。確實，幾對黑天鵝同性伴侶不僅會求偶和交配，牠們還會撫養幼鳥。當然，這些雄性個體不能互相受精，但是牠們使用了些比較迂迴的手段來達到目的。

這對雄性個體伴侶使用兩種方法來獲得一窩蛋。第一種方法是，兩個雄性個體中的一個，與雌性個體暫時交往，牠們一起築巢，然後交配；雌性個體生完蛋後，雄性個體會把這個雌性個體趕出巢穴外，然後與牠原本的雄性個體伴侶一起孵蛋和育幼。第二種方法比較簡單：這兩個雄性伴侶會把一對已經築巢後有了一窩蛋的異性伴侶趕出牠們的巢穴，將牠們的巢穴變成自己的，在裡面育幼。同性伴侶的繁殖成功率通常高於異性伴侶，這是因為牠們可以得到最佳的築巢地點，並且領土範圍能不斷擴大。平均而言，一窩蛋給同性伴侶育養活下來的比例為百分之八十，而異性伴侶的比例則降至百分之三十。

共同育兒的灰熊媽媽們

當你想像一個灰熊的家庭時，想到的圖像通常是一隻雌性個體在阿拉斯加草原上行走，跟隨其後的是牠又跑又跳又滾動的活潑幼崽。的確，傳統的灰熊家族看起來就是這樣。但是其他安排也存在。一九六〇年代，雙胞胎博物學家兄弟研究員法蘭克和約翰・克雷格黑德（Frank & John Craighead）在美國著名的黃石公園研究了這些灰熊的行為。他們是第一個使用無線電跟蹤技術來研究跖（腳掌）行類動物的人，這是一個安裝在動物脖子上的發射器項圈，借助無線電天線，它們可以跟隨動物的移動。他們的研究尤其凸顯出雌性個體之間一起成為幼崽的母親們的重要連結。在這些個體之間沒有觀察到性活動，但這並不意味著它真的沒有發生過。

這些雌性個體形成一個家庭單位，幼崽從一個或另一個母親那裡哺乳。這對伴侶形成了牢固的聯繫，這個家庭的成員整個夏季和秋季都一起移動及覓食，直到進入冬眠。兩隻雌性個體相互保護也一起保護牠們的幼崽，免受雄性個體的攻擊。牠們還會捍衛在移動或狩獵時發現的野牛和麋鹿的屍體。如果兩個雌性個體中的一個去世，第二個雌性個體通常會收養牠的幼崽，並繼續照顧，就像是牠自己的幼崽一樣。

克雷格黑德兄弟研究了冬天臨近時，灰熊們準備牠們的洞穴以便冬眠的行為。這次，他們發現了一個有趣的事實。一九六六年夏天，他們觀察到四十號雌性個體和牠的兩隻幼崽，與一〇一號雌性個體和牠的幼崽建立了某種關係。而這種關係甚至改變了牠們通常的冬眠前行為。通常，灰熊個體會在距離其他個體數公里的地方尋找適合的地點，以便在那裡建立牠們的洞穴。四十號雌性個體這年夏天沒有返回牠通常冬眠的地點，那裡距離一〇一號雌性個體的洞穴約二十五公里，而是搬到了只距離一〇一號雌性個體的洞穴約二公里的地方建的新洞穴中冬眠。此外，這個家庭似乎不願分居，從一個洞穴搬到另一個洞穴，這與此時的跖行類動物的通常行為相反。通常，雌性個體和雄性個體都傾向於將自己與同伴隔離。

第二年春天，兩個雌性個體又相遇並恢復了牠們之前建立的關係，但方式有所不同。四十號雌性個體讓牠的幼崽斷奶並再次繁殖。一〇一號雌性個體則帶著自己的幼崽，然後領養了牠同伴斷了奶的那兩個幼崽。來自第二個雌性個體的幫助使第一個的生育能力恢復得比平常更快。的確，單身雌性個體通常會照顧幼崽兩到三年，然後才能再次繁殖。兩個成年雌性個體的聯盟也使當年出生而很容易被掠食的幼崽更容易生存。有時甚至有三、四或五個雌性個體組成像這樣的同盟。

三或四個個體的多元成家

在某些種類的哺乳動物和鳥類中，可以觀察到兩個個體以上組成伴侶。三或四個個體組成的異性戀、雙性戀和同性戀的關係都存在，其中所有組合都是可能的。例如，在一個紅鶴的異性戀三個個體組中，包括兩個雌性和一個雄性個體，後者會向組內兩個雌性個體求偶，但兩個雌性個體之間沒有同性性行為。另一方面，這三隻鳥承擔了牠們蛋的孵化和餵養的責任。

異性戀三個個體組多數出現於鳥類，而在哺乳類動物中則為罕見。但是它們存在於短鼻赤褐袋鼠（*Aepyprymnus rufescens*）中，這是一種澳洲有袋動物，曾經有觀察到兩隻雌性和一隻雄性個體一起生活的情況。

雙性戀三個個體組和四個個體組的情況只能在鳥類中看到。這些成員中每個之間都連結在一起，並有求偶和交配行為。有時，只有某些成員會共享同性性關係。在灰雁（*Anser anser*）中，雄性個體之間觀察到同性伴侶是很常見的。這些雄鳥經常在其族群中享有較高的社會地位，因為牠們比異性伴侶更具攻擊性。牠們也更加警惕，經常在族群的周圍被觀察到，這可能表明牠們在保護族群中發揮了作用。牠們甚至能夠在掠食者襲擊時發出響亮的警報。

有時，一個雌性個體會試圖與這樣的同性伴侶組聯合。牠可能被拒絕或被接受。在這種情況下，牠將與同性雄性伴侶之中的一個或另一個交配，有時還會與兩個都交配。但是，牠與這些雄性伴侶的聯繫從來沒有像兩個雄性伴侶個體之間那樣保持不變。當雌性個體產卵時，這三個個體共同承擔撫養幼雛的責任。在這個物種中，還發生了三個雄性伴侶形成同性戀三個個體組的情況，然後在其中容納另一個雌性個體，從而形成了四個個體組。

以雙性戀三個個體組生活的蠣鴴的例子也有得到充分的觀察和記錄。兩個雌性個體與一個雄性個體有交往，而三隻鳥則保持著牢固而持久的聯繫，這種關係可以和異性伴侶一樣維持四到十二年。牠們互相梳洗羽毛，也一起捍衛自己的領土。兩個雌性個體彼此交配，也與雄性個體交配。牠們在兩個雌性個體下蛋的地方築巢。牠們生的一窩蛋最多可以有七顆，而一對異性伴侶的蛋最多為四個或五個。三個個體組的每個成員都參與蛋的孵化和養育雛鳥的任務。唯一的問題是蛋的數量通常太大，以至於一隻鳥無法同時孵所有的蛋。有些蛋就因此不會孵化，所以三個個體組可以繁殖的雛鳥數量通常比異性伴侶兩個個體組來得少。

在哺乳類動物中，也存在著三個或四個個體組成的同性戀家庭。在非洲象中，雄性和雌性個體分別生活，後者由一個老年雌性個體領導，形成了母系家庭群體。雄性也成群生活或獨居。這兩個性別僅在繁殖季節相遇。一些年長的雄性個體與一兩個年輕的雄性個體聯合並成為親近的夥伴。年輕的大象個體通常會通過清理前方的道路，或負責警戒環境來幫助年長的個體。有時，較年長的個體也會幫助較年輕的個體，例如如果牠有殘疾缺陷的話。這些兩個和三個個體的伴侶組成會形成持久的聯繫，並與其他大象分開生活。

熱帶魚女同性戀伴侶

我們研究了昆蟲、爬行動物、鳥類和哺乳類動物中的同性戀。更關切的讀者可能會問以下問題：「那魚呢？」牠們其實對這些行為也不是陌生的。描述牠們的研究是在人工豢養條件下進行的，因為出於技術原因很難在自然環境中進行此類觀察。大多數文章介紹的研究值得我們注意，但是它們都有點陳舊。因此，有必要關注我很幸運地發現的二〇一七年發表的一項研究。在巴西一個研究團隊中，道格拉斯・達・克魯茲・馬托斯（Douglas da Cruz Mattos）觀察並報告了在黃棕盤麗魚（*Symphysodon aequifasciatus*）中雌性個體成對的形成。這種生活在亞馬遜河裡的淡水魚常常被人養在水族箱裡當觀賞魚。

學者研究豢養個體中的繁殖行為，因為這種魚美麗的顏色，使牠受到業餘愛好者的極大需求，但其發展和繁殖卻鮮為人知。因此，深入了解生物學對於促進豢養繁殖並限制野外標本的捕獲非常重要。在黃棕盤麗魚中，雙親都將卵和魚苗維持在牠們準備好的基底上來照顧。成魚只有在幼魚個體能夠獨立時才停止對牠們的照顧。

學者決定觀察雙親的行為，讓魚自由選擇伴侶。為此，他們選擇了四十二條成魚個體，並將其平均分組到七個水族館中。由於這種魚兩個性別沒有身體外觀上的差異，因此無法區分牠們。只有產卵或精子釋放的行為，才有可能確定牠們的性別。因此，每個水族館中的六條魚可以自由選擇一個伴侶。學者認為，兩條魚從牠們開始一起清潔基底的那一刻起就成對了，這是產卵之前的典型活動。他們確定了十五對伴侶，觀察到牠們的生殖和雙親育兒行為。

十五對伴侶組均產卵，但發現其中三對產的卵是不育的。研究人員發現，這些伴侶的成員均為雌性個體。牠們卵的數量多於其他對，意味著這對雌性伴侶的兩個成員都有貢獻。兩隻雌性個體在該物種中通常會表現出雙親育兒行為，拍打牠們的鰭來讓卵可以有空氣流通，並移出第一批被鑑定為不育的卵。

發現這些魚是同性伴侶之後，研究人員將牠們分開，分別放進不同的水族箱中，並把確定了是雄性而且被確認過有繁殖力的個體加入水族箱。牠們都正常地與這個雄性個體一起繁殖。馬托斯指出，這個觀察很重要，因為通常在魚類中記錄的同性戀個體都是缺乏生殖能力的，而這裡並非如此。作者也承認他們無法解釋為什麼這些魚會形成同性戀伴侶，並要求應就此問題作一些新的實驗。

雖然這個研究很有趣，但是對我而言這項研究似乎並不完整。從四十二個個體中選擇了十五對伴侶，意味著有十二個個體仍然「單身」。事後應該可以測試這些個體以找出牠們的性別吧？如果我們要得出有關雌性個體真的選擇了其他雌性個體做伴侶的結論，這個資訊很重要。如果牠們最終被放入的是一個沒有足夠雄性個體的水族箱，就只能選擇與雌性個體配對，因為沒有其他選擇。那將是著名的「監獄效應」，它導致一些個體轉向同性戀，牠們的被囚禁條件使牠們除了禁慾外沒有其他選擇。另一方面，如果個體中有雄性個體，表明了這些雌性個體才是真正選擇了雌性個體而不是雄性個體做伴侶。

試圖獲得有關這些魚類在野外行為的資訊也是很有趣的。實際上，在此提出的研究中，這些雌性個體的卵不能受精，因為這些雌性個體是在產卵前就被與雄性個體分離的。在野外，可能會有兩個雌性個體和一個雄性個體的三個個體組合，這就可以允許卵受精。或者，一個雄性個體可能會在離開之前先將其精子釋放出來，讓兩個雌性個體照顧牠們受精的後代。在野外進行此類研究的條件顯然是棘手的，但也有可能（而且令人興奮）在豢養條件下檢驗這些假設。智者一言已足……

第五章
跨性別動物和變性動物

性別多樣性的概念並不僅限於在動物世界中觀察到的各種異性戀和同性戀行為，動物的心理和生理性別也是可變且不斷變化的概念。成為雄性或雌性，成為雄性和雌性，先為雄性然後變成雌性，先為雌性然後成為雄性，生為雄性並表現得像雌性，成為雌性並表現得像雄性，自然會利用許多可能的組合來滋養性別多樣性。

因此，確實存在跨性別和變性動物。在人類中，「跨性別者」和「變性者」是指質疑其心理和／或生理性別身分的人。這些人在心理上認同與他們的生物性別相反的性別。但是，變性者希望藉由性激素藥物和手術來改變自己的性別，而跨性別者則覺得沒有這個需要。關於動物，我們將使用「跨性別」一詞來指那些在生理上是雄性的情況下採取典型雌性行為的個體，反之亦然。術語「變性者」將用於在生活中真正改變其生理性別，並因此也改變其行為的動物。

大角羊的選擇：同性戀還是陰柔帶女人味的？

一九七〇年代，生物學家衛勒里斯·蓋斯特（Valerius Geist）研究了加拿大山區大角羊（*Ovis canadensis*）的行為。在他一九七五年出版的《北荒野上的山綿羊和人》（*Mountain Sheep and Man in the Northern Wilds*，無中文譯本）一書中，他描述了面對這些動物的同性戀行為的研究經驗，並坦白地承認了長期以來一直掩蓋了他科學客觀性的同性戀恐懼症：

> 我仍對老大角羊D多次上了大角羊S的記憶感到噁心。大角羊D使用大角羊S的方式，與發情的雄性大角羊個體使用發情的

雌性個體的方式相同。在我觀察生殖行為時，以及當我看到發情的雌性個體如何對待雄性個體時，這個主意就出現了。牠的特性是用頭撞牠並磨蹭牠，以一種挑逗的跑法來使牠興奮，用身體接觸和激進的表示來刺激牠。牠用侵襲和逗弄來誘使雄性個體與牠發生性關係。從本質而言，下屬（作者在此應指被進入的那方）雄性個體在發情時就像那些雌性個體。我無法一次吸收這些眼前所見的事，所以我先稱這些雄性個體行為為「具侵略性的性」，因為雄性個體之間已經發展為同性戀社會這一事實，在我的情感上是壓倒性的。要想像這些宏偉的生物竟然是「同性戀」……喔，天哪！我已經爭論了兩年，最終卻不能將大角羊的攻擊和性行為分開。因為它們是同一枚金幣一體的兩面；它們應該被稱為具侵略性的性行為，別無其他。我從未發表過這一派胡言，對此我感到高興。一點一滴逐漸被吸收的真相構成了一種奇妙的藥物：但是，一時來的大劑量則會過度動搖原本的確定性。最後，還是讓我稱一隻貓是貓，並承認大角羊雄性個體們生活在一個基本上是同性戀的社會中。

這個本質上是同性戀的動物社會的存在已經令人驚訝，但是故事並沒有就此結束。實際上，該物種內的行為變異性非常令人興奮。這個社會的同性戀規範並不是被所有個體都遵循的：這其中有些雄性個體試圖透過模仿雌性個體的行為，來避免要與其他雄性個體發生性行為！在大角羊中，雄性和雌性生活在不同的族群中，僅在繁殖季節才相會。只有在繁殖季節期間，雌性個體才會允許雄性個體與牠們交配。一年中剩下的時間，牠們公然的拒絕交配。就雄性而言，牠們一年四季都經常互相交配。但是，少數雄性個體是「陰柔，帶有女人味」的：牠們常年與雌性個體聚在一起，並模仿牠們的行為。像雌性個體一樣，牠們拒絕與其他雄性個體發生任何性關係，並以相同的方式予以公開讓牠們知道。牠們也相對比其他雄性個體沒有侵略性，並且在排尿時採用與雌性相同的姿勢。透過拒絕與雄性同伴交配，這些大角羊通常表現得像雌性個體。這些動物遠離了牠們社會上典型的雄性活動的「反叛者」（註一）。

跨性別的鳥

橙尾鴝鶯屬的連帽鶯（*Setophaga citrina*）是美國小型雀形目鳥，以黑色羽毛命名，只在成年雄性個體的外觀上，黑羽毛在頭和脖子上形成兜帽的形狀，而未成年和雌性個體的頭和脖子則是跟身體一樣的黃綠色。牠英文的種名是「hooded warbler」，為「有連帽的鶯」，即如其字面上的意思。這個物種是一夫一妻制。在這個物種中，雄性個體很少參與築巢，也從未被觀察到參與孵蛋（在丹尼爾・尼文（Daniel Niven）之前）。有些雌性個體外型非常類似於雄性，並戴著著名的連帽。用肉眼不容易直接區分牠們與真正的雄性個體。

一九八八年，生物學家丹尼爾・尼文觀察到一隻有著雄性羽毛的鳥，但是牠頭和脖子的黑色羽毛沒有連起來（原作者稱牠為無系帶），該鳥開始在另一隻稱為X的雄性個體領土之中築巢。他想像這無系帶雄性個體應該是這些不尋常的雌性個體其中之一。但是後來證實這隻鳥確實是雄性個體。很快的，生物學家意識到這隻無系帶的雄鳥站在巢中，顯然是在孵蛋。但是他看不到巢裡面是否真的有蛋。接下來的十天內，尼文觀察了這隻無系帶的雄鳥在巢上的情況，該鳥只偶爾離開以覓食，然後有條不紊地恢復到孵蛋的位置。

同時，X正常在旁邊鳴唱。儘管無系帶的雄鳥看起來像隻會孵蛋的雄鳥，但X從未攻擊過他，就像牠對任何越過其領域邊界的雄性個體入侵者所做的一樣。一天，尼文觀察到X在巢上餵食正在孵蛋的無系帶雄鳥。幾天後，牠又來餵雛鳥。怎麼可能？尼文認為巢中的雛鳥可能是連帽鶯的近親物種「褐頭牛鸝」（*Molothrus ater*）的雛鳥，因為該物種有時會寄生於空巢中。褐頭牛鸝雌鳥像布穀鳥一樣將蛋產在別種鳥的巢裡，並讓其他雙親養育牠的蛋。

然後，作者看到了這兩隻雄鳥又帶了昆蟲到巢裡餵食幼鳥。尼文隨後決定捕獲那隻奇怪無系帶的雄鳥，在牠的鳥腳戴上環套作為識別，並將牠命名為Y。他發現Y的肚子上沒有雌鳥那樣的孵化板，所有其他形態學證據表明，牠確實是一隻典型的雄性。後來這些鳥的巢遭到掠食，導致這對雄鳥分開，一段時間後則在另一隻雄鳥Z的領土上觀察到Y。

第二年，Y又被觀察到在一個有兩隻雛鳥的巢中孵蛋：包括一隻褐頭牛鸝、一隻連帽鶯，和一顆連帽鶯的蛋。Y再次採取典型的雌性行為。

牠又孵了一下蛋，讓自己的新雄性同伴個體Z餵飽了自己，並為雛鳥帶來食物，直到牠的巢再次被掠食者摧毀。

一九九〇年，尼文第一次聽到這隻鳥鳴唱，而鳴唱是該物種中典型的雄性行為。但是，牠的鳴唱聲與其牠雄性個體的不同。牠的聽起來好像比較短，而且段句法也不同。尼文便決定捕獲並犧牲這隻鳥，以觀察其睪丸。牠的睪丸被證明是絕對正常的，而Y睪丸的組織切片又證據確鑿地證實了這隻鳥的性別是雄性。因此，這項研究不僅重現了上一章中討論過的同性戀育兒情況，而且還揭露了跨性別動物的例子，該個體的所有性特徵均為雄性，但其行為卻像雌性（註二）。

變性的魚

在多種魚類物種中，有被觀察到同性戀行為，尤其是在豢養情況下。魚類也是涉及最多變性和性別變化的動物。烏鰭石斑魚（*Epinephelus marginatus*）都是天生的雌性。牠們在改變性別之前會執行為期十年的孕產生殖功能。牠們的卵巢變成睪丸，然後變成雄性。

皮克斯（Pixar）在《海底總動員》（*Finding Nemo*）中講述了著名的小丑魚的冒險經歷，該科有大概三十種物種，牠們生活在大約十幾種海葵裡面。小丑魚和海葵保持著互惠互利的共生關係。海葵的毒不會傷到小丑魚，但是對於任何接近牠的捕食者來說仍然非常危險。因此，只要尼莫和牠的同伴停留在牠們寄主的觸角之中，牠們就會受到保護。海葵從這種結合中獲得的好處尚不確定，但小丑魚似乎會保護海葵免受到蝴蝶魚對其觸角的攻擊侵害。

小丑魚單獨、成對或成群生活在海葵中。小組由一對雌雄伴侶和其他幾個雄性個體組成。在那對雌雄伴侶中，由於雌魚體型大於雄魚，因而在社交上主導了其他魚類。牠們具有功能性卵巢，但也有組織退化的睪丸。另一方面，雄性個體具有睪丸功能和潛在的卵巢。如果雌性個體去世（或像是動畫電影中被捕撈到水族館商店出售），則雄性不會改變領土，而是會改變性別。牠的睪丸會停止工作，卵巢「從休眠中醒來」。尼莫（應該就會變成了母魚「尼瑪」）就會吸引新的伴侶。當牠生活在一個小組中時，牠會選擇小組中體型最大的雄性個體當牠的新伴侶。根據建立的等級制度，加入該小組的任何新雄性都必須等待輪到自己成為雌性。時間到了，牠將改變性別，並成為那個海葵中的小組主導者。

是母的，變成是公的，再又變成母的

有些魚種的性別變化甚至更加令人難以置信，因為那可以是連續發生的。牠們似乎可以像換襯衫一樣改變自己的性別！某些蝦虎魚就是這種情況。這些生活在珊瑚裡的小魚中，雌性個體可以成為雄性，然後再次成為雌性。性器官能夠隨性地改變。魚類性別變化現象的來龍去脈很複雜，適應功能也多種多樣。我們可以認為這種能力或可幫助牠們適應不斷變化的自然環境條件。想像一下，族群中的雄性個體如果被某種疾病或掠食者消滅了：如果雌性個體無法改變性別，牠們將無法繁殖。但是，如果其中一些個體變成了雄性，這些雄性個體則將成為新的可受精群，而牠們的族群將能夠持續下去。像同性戀一樣，變性者也是性別多樣性的光譜之一。

註一：喬爾·柏格（Joel Berger），〈雄性有蹄類動物中類似雌性行為的實例〉，《動物行為》，三十三期，卷一，一九八五，三三三—三三五頁。

註二：丹尼爾·尼文，〈連帽鶯的雄性與雄性個體築巢〉，《威爾森簡報》，一〇五期，卷一，一九九三年，一九〇—一九三頁。

結論

自然與道德

如果動物表現出我們認為良好的行為，我們將其稱為「自然的」。如果牠們做了我們不喜歡的事情，我們稱之為「帶獸性的」行為。〔詹姆斯·溫里奇（James Weinrich），《同性戀在生物學上自然嗎？》，一九八二〕

在本書前面的章節中，我們介紹了許多科學數據，這些數據使我們可以肯定，動物世界中同性戀確實存在，因此同性戀也屬於自然行為。

在西方文明的歷史上，長期以來一直存在一種趨勢，就是把我們對自然界中事物的認知，或我們自以為知道的知識，用來成為善惡的標準。因此，毫無疑問地，同性戀受到這種習慣的影響；這種習慣就是在判斷個人的性取向和性行為時，人們就引用了自以為自然界中的常理來作為道德辯論的基底。

但是，將同性戀表示為「不自然的」，並以其為藉口來譴責別人，就是錯誤的。更糟糕的是，在某些情況下，將同性戀者判處死刑。這種觀點並不是街上唯一一個人的意見。二〇一三年，辛巴威獨裁者羅伯·穆加比（Robert Mugabe）說：「動物比同性戀者更明智，因為牠們知道牠們的性取向。」

儘管哲學文本無意具有文獻價值（因為哲學不是一種明確的科學），但應當記得，從古代開始，柏拉圖就在《法律》中用這些詞來譴責同性戀：

> 我們的同胞一定不能比鳥類和許多其他動物差勁，牠們在大群中端正又純潔的生活，不知道交配這回事，直到牠們長到可以生育的年齡，這時為了愛而連結，公和母，母和公，接下來按照聖潔和正義的法則生活，恪守友誼的初衷。我們的公民必須比動物更好。（柏拉圖，《法律》，第八章）

我們已經看到，對同性戀的判斷有隨著時間而演變，這取決於他們是否認為同性戀關係是動物性的，因而與人類是不相近的，或被視為是反自然的，所以是不可接受的。但是與古希臘人一樣，確實也有這樣的例子：慶祝男同性戀是一種將男人提升到更高級的習俗。

琉善（一二〇—一八〇，羅馬帝國時代以希臘語創作的諷刺作家）在《愛情們》（*Les Amours*）中寫道：

我們難道要覺得動物們受到天意的束縛，所以沒有特權而完全不能享受男性之愛中各種其他的樂趣，這樣非常好嗎？雄獅不愛自己的同性，因為牠們不是哲學家。公熊也不愛公熊，因為牠們不知道友誼的甜蜜。相反的，對人類來說，理性在知識的引導下，經過頻繁的經歷之後選擇了最美麗的事物，認同少年愛（男

同性戀）並將之視為最牢固的。（《愛情們》，第三十八章）

最後，可以肯定的是，在盧梭傳統的滋養下，自然行為被認為具有內在的美感。這是安德烈・紀德（André Gide，一八六九—一九五一）在《田園牧人》（*Corydon*）這本對話論文中增加的結果，該文章於一九一一年首次發表，其中他藉著各種科學證據證明了自然界中同性戀行為的存在。紀德特別引用了著名的昆蟲學家尚—亨利・法布爾（Jean-Henri Fabre，一八二三—一九一五）的話。法布爾觀察到鞘翅目芫菁科*Cerocoma*屬的昆蟲雄性個體之間，一個疊在另一個上面層層的交配。科學家由此得出了詩意的結論：「暫時，那些被拒絕的，太悲傷就搞錯了（譯註：本文應指性別，作者認為那些雄性個體的求偶是先被雌性個體拒絕才會悲傷的搞錯下一個對象的性別）」。紀德向法布爾反對他對此事的詮釋：

喔，法布爾！觀察員，耐心點啊！您是否觀察過牠們是否真的是在遭受拒絕之後，這些同性戀才安排堆疊的呢？這些雄性交配僅僅是因為被嫌棄了嗎？或者牠們是自己就要這樣的呢？

我們能否遵循作者的推理，即說同性戀必須被接受，並且從他的觀點出發，甚至應該鼓勵同性戀，因為同性戀本是在自然中存在的？

大自然不應被拿來當成指南針，而用其指針來指示人類社會應遵循的道德方向。無論某種行為是否存在於動物世界中，都應該由人類自己決定這種行為是否可以被接受。

同性戀只是動物和人類性行為的一個正常面向，如果涉及到的是彼此同意的個人，絕對不可以被列為犯罪的一種。另一方面，恐同症是它的受害者最大的苦難根源，必須受到譴責。

我希望這本著作裡面介紹的文獻，有助於人們更了解動物界中性行為的多樣性。這就是為什麼，我謙虛地希望它能幫助社會大眾的思想和意識可以更開闊，讓大家以更加肯定的態度去尊重同性戀、雙性戀、跨性別者和變性者的權利。

RE00025

動物同性戀——同性戀的自然史

Animaux Homos　Histoire naturelle de l'homosexualité

作　者——芙樂兒・荳潔 Fleur Daugey
譯　者——陳家婷
資深主編——謝鑫佑
校　對——謝鑫佑、吳如惠、陳家婷
資深企劃經理——何靜婷
美術設計——陳文德

董事長——趙政岷
出版者——時報文化出版企業股份有限公司
一〇八〇一九台北市和平西路三段二四〇號四樓
發行專線——（〇二）二三〇六六八四二
讀者服務專線——〇八〇〇二三一七〇五　（〇二）二三〇四七一〇三
讀者服務傳真——（〇二）二三〇四六八五八
郵撥——一九三四四七二四時報文化出版公司
信箱——一〇八九九台北華江橋郵局第九九信箱

時報悅讀網——http://www.readingtimes.com.tw
文化線粉專——https://www.facebook.com/culturalcastle/
法律顧問——理律法律事務所　陳長文律師、李念祖律師
印刷——紘億印刷有限公司
初版一刷——二〇二一年十月二十九日
定價——新台幣四二〇元
（缺頁或破損的書，請寄回更換）

時報文化出版公司成立於一九七五年，
並於一九九九年股票上櫃公開發行，於二〇〇八年脫離中時集團非屬旺中，
以「尊重智慧與創意的文化事業」為信念。

動物同性戀 : 同性戀的自然史 / 芙樂兒.荳潔(Fleur Daugey)著 ; 陳家婷譯
. -- 初版. -- 臺北市 : 時報文化出版企業股份有限公司, 2021.10
面；　公分
譯自 : Animaux homos : histoire naturelle de l'homosexualité

ISBN 978-957-13-9483-1(平裝)
1.動物 2.動物行為 3.同性戀

383.73　　110015604

ISBN 978-957-13-9483-1
Printed in Taiwan